鳥好きの独り言

はじめに

　私は神戸で生まれ、故あって20日後には岡山県高梁市に住む母方の祖父母の元に預けられた。幼稚園に通う前夜「おばあさん、おじいさんと改めるように」と、お母さんと呼んだ祖母から告げられた。祖父母には思い切った通告も、幼いながら次第に感じるものが芽生えていたし「大切に扱われている」という確信があったから、さほどの衝撃は受けなかった。そのような生い立ちだから、私の境遇はカッコウなどの場合と似ている。

　近年、テレビ番組で托卵鳥が扱われ、野生生物の習性に人の価値を被せて非難する解釈が見受けられる。なぜそのような習性の生物まで自然は抱えているのかは「まだ解らないこと」だし、そこに生を受けた個体の境遇をどうすることができよう。カッコウは巣立ち後に訳あって「仮親に促されるより先に自ら決断して独立する」と私は推測している。そのための力強く翼を打ち下ろす利那、仮親への感謝の念は体中に満ち溢れているに違いない。

　祖母は旧家で我が儘放題に育ったと聞いたけれど、真の働き者で、縫い物や旅館の下働き、合間には内職までも引き受けて家計を賄い留守がちだった。当時の祖父は今日なら自然愛好家かも知れないが、一族には不評な道楽者で、小鳥や軍鶏を飼い、季節毎に河鹿やキリギリス、蛍を身近に置いて愉しんだ。家の者が出払うと、鉢植えのケヤキやカエデを縁台に並べて眺めながら小鳥の世話に明け暮れた。私は祖父の膝の上から、それらの様子を見て育った。良くも悪くもなく、それが私の境遇に発生した幼時の日常だった。

　子育てに一段落した40代後半に自然同好会に入り、山野に出掛けて草花や野鳥を観察する楽しみを学んだ。休日毎に巨木探訪を繰り返し、まもなく登山の楽しみを知って10年山に遊んだ。日本野鳥の会には2000年に入会し、案内を引き受けて17年ほどが経つ。探鳥会には新たな「趣味の発掘」を願って参加する人が多い。だから、挨拶時には足しにと思い「面白いと遊んだ」経験をお話しする。その覚え書きが溜まった。案内時の資料にと野鳥撮影を始めて15年が経ち、この方も溜まっている。想えば永い小鳥たちとの日々、写真と挨拶を基に一冊に纏めようと思い立った。

　祖父譲りの鳥好きが拙文の気恥ずかしさから『鳥好きの独り言』と題した。

〈追文〉私が案内した『後楽園第三火曜日探鳥会』は鳥好きの婦人方が、用事の多い休日を避け、家事が済むほど好い開始時間を設定して40年ほど前に発足させた純粋な趣味の集いだ。こよなく鳥を愛した婦人方にこの本を捧げる。

2020年初夏　小林健三

目次

本書は、吉備人出版25周年記念「ほんとまち大賞」
受賞作品です。

春

恋する季節

ニュウナイスズメ

食事の作法

スズメ目　スズメ科　スズメ属　L14.5cm　　　　　　　　　　　岡山市(4月)

　スズメにはある「にゅう」がないから「ニュウナイスズメ」だというほど
のことを柳田國男が『野鳥雑記』に書いている。にゅうは「入」で表し、焼
き物に入ったひび割れ（貫入）のことで、スズメの頬にある黒斑を「入」に
見立てたという訳だから、粋人の気ままな解釈に違いない。

　種名の語源に関し『大言海』に「にうないは新嘗の訛、新稲を人より先に
食む意かと云う」とあり、その説を「未熟のイネの種子を好んで食べるので、
この説は妥当と思われる」と『図説日本鳥名由来辞典』が支持している。

　春、桜が咲き始めると何処からともなくニュウナイスズメが集う。群れと
なってメジロやヒヨドリを圧倒する勢力を誇り、蜜を吸う。蜜を吸った木の
下には桜色の絨毯ができる。咲き誇って散った花びらではなく、花柄ごとむ
しり取られた無残な花の屍なのだ。共存共栄を心得て、受粉という代価を忘
れないメジロなどとは違い「作法を知らない新参者か」と桜は嘆くのだろう。

　ニュウナイスズメは花木の不足を知らないし、永い恩恵にも与っていない
から、稀に萼筒辺りを突き破って吸う個体を見るが、ほとんどは問答無用と
引き千切る。種子食向きの短く分厚い嘴だから、作法通りにも困難があろう。

　近頃、近縁のスズメが参入して似たような不作法で吸う。上等の食材と知
って、大群が食の当てにでもすれば桜には一大事となる。それを承知かどう
か知らないけれど、桜は三日限りと見事に散る。

大島桜の蜜を吸うニュウナイスズメ♀　　　　　　　　岡山市(4月)

蜜を吸った後に捨てられた大島桜の花　　　　　　　　岡山市(4月)

ノゴマ

腮という部位

スズメ目　ヒタキ科　ノゴマ属　L16㎝　　　　　　　　　岡山市(4月)

　ノゴマは立ち姿の綺麗な小鳥だし、俊敏な動きも見せるから、出合った後には爽やかな印象が残る。脚は長くて、地上を軽く跳ねながら動き回って採餌するには都合が良い。尾羽はリズミカルに持ち上げるから、餌に飛び付く瞬発力の一助にもなるのか、そうでなくとも不必要に引き摺って汚れたり、擦り切れたりしないで安心ではあろう。それは、同属のコマドリやコルリ、オガワコマドリなどにも共通している。

　ノゴマは全体には褐色の羽衣で地味だけれど、美の装いを顔の周りに集中させている。艶のある黒い嘴は過眼線と繋がり、白い絵の具を塗り付けたような眉斑と顎線が引き締まった凛々しさを演出している。だから、とても精悍な顔つきに映る。しかし、ノゴマ♂最大の主張は赤い喉で、恋を叶えるアイテムというのか、♀を口説く強力な武器であることには疑う余地もない。その武器で他の♂と争う。だからなのか、決意が籠もった血のように赤い。他の赤い鳥に比べ、赤の彩度が異なる。目が覚めるほどに赤い。

　赤い羽毛は喉を上り詰め、下嘴の付け根に達する。その部位を「さい」と呼び「腮」の漢字を充てる。「にくづき」に「思」と書く字面が好ましい。

　動物が思考する分野を支配する器官は脳に違いないけれど、恋をすると胸が痛む。ノゴマが種の未来を遠く見つめたり、個体が何か大事な思いを秘めていたりするのは「腮」ではないかという気がしている。

ヒヨドリ

森の恋人

スズメ目　ヒヨドリ科　ヒヨドリ属　L28cm　　　　　　　　岡山市(4月)

　世界のヒヨドリ科は15属120種、あるいは20属136種ともいわれ、多くはアフリカと東南アジアに生息している。発祥地から北へ進出したヒヨドリは、琉球列島に留まるシロガシラを尻目に更なる北上を続け、日本列島を安息の地と定めた。ヒヨドリは、一族最北の種となった。南北に長く、島嶼(とうしょ)の多い環境に適応分散し、８亜種に分化しながら現在も進化を続けている。

　ヒヨドリは液果（果肉のある種子）を好み、直径２cmまでを呑み込む。栄養価の高い果肉には、種子が消化を免れるシグナルがそっと忍ばせられて、鳥は種子散布の役を担える。体内を通過した種子は300m先に蒔かれる。ヒヨドリの行動半径の広さが植物の近親交配を避けて、健全な森林を育んでいる。繁殖期には昆虫の成虫を捕らえて育雛(いくすう)するが、季節毎の果実や花蜜も好み、果樹園にはしばしば損害を与えて害鳥駆除の対象となっている。一方で、花蜜を舐め採(な)る行儀は極めて良い。花木を傷めず、完璧な受粉作業を成し遂げるから、植物と鳥とに利が生まれて「共進化」が成立している。虫の少ない冬から早春に咲き、虫を拒んで香りも放たず、嘴ほどの筒状に咲いて大量の蜜を溜めるヤブツバキはヒヨドリに恋い焦がれて「鳥媒花」に身を整えた。

　森林形成に及ぼすヒヨドリの貢献は計り知れない。"ヒィーヨ、ヒィーヨ"と鳴くあの甲高い大声が林を突き抜けると、草木は目覚めて奮い立つ。種子散布を託す者の訪問を知った瞬間、森も山野も歓喜に溢れる。

アオサギ

最強サギ

ペリカン目　サギ科　アオサギ属　L93cm　　　　　　　　岡山市（5月）

　日本最大級のサギで、ダイサギと同等かやや大きい。生態系上位の肉食鳥類でもあり、魚類、両生類、甲殻類、小型の哺乳類、爬虫類、昆虫、鳥類と捕食の対象はとても広い。また、見る者を驚かせるほど大きな獲物も丸呑みする。手の平ほどのスッポンや、胃まで届くと思われるサイズのヘビをも呑み込んでいた。中型の鯉など、咥えられない獲物は頑強な嘴で突き刺して捕獲する。水辺をゆっくりと歩き回りながら、獲物を見つけると辛抱強く待ち伏せて捕らえる。捕食される側の動物にとっては、ハヤブサ、オオタカよりも恐ろしい捕食者となる。そんな強面のアオサギも繁殖前には嘴、脚部を透明感のある赤味の婚姻色に染めて美しく変貌する。

　1980年以降、中国西部のタクラマカン砂漠付近にあった楼蘭王国の発掘現場から次々と保存状態の良いミイラが出て「楼蘭の美少女」と話題になった。ミイラはアオサギの羽を抱いていた。後に色々と判明して「新郎から新婦へ青鷺の羽飾りを贈る風習があり、彼女は既婚の婦人だった」といわれている。

　アオサギの風切羽は大きく見栄えがする上、手触りがとても好い。水辺に棲むには撥水機能が欠かせないけれど、サギ類の尾脂腺は未発達なのだ。だから、胸や腰にある粉綿羽から生じる粉末を纏って防水機能にあてる。

　アオサギの羽を拾ったら、指先に挟んで擦って欲しい。とても優しい感触だから「愛しい人に差し出したくなる」その心情が理解できるはずだ。

ムナグロ

夏羽という正装

チドリ目　チドリ科　ムナグロ属　L24cm　　　　　　　　　　倉敷市（4月）

　春の渡り期に飛来するムナグロの、夏羽へと変貌する姿には目を見張るものがある。中でも、成鳥♂の正装でもある夏羽（繁殖羽）は殊の外美しい。顔から胸、腹部へと繋がる漆黒の羽毛には、純白の羽毛が下尾筒まで沿って繋がる。背から尾の黄褐色の羽毛は、金箔を散らした風な気品を醸している。長い脚部で足早に進んでは立ち止まる。辺りを睥睨するかのような立ち姿は、比類なきほどに凛々しく映る。黒い大きな瞳も漆黒の羽毛に消える。猛禽などに視覚の方向を悟られなければ、いくらかは安心であろう。

　ムナグロは疎らな草地や掘り起こした耕作地などで、昆虫やミミズなどを食べている。休息している時などは、30羽ほどの集団でも意外に目立たない。ツンドラの、植生の疎らな乾燥地に営巣するといわれるから、背面の美しい羽衣は迷彩の役をも担うのであろう。

　よく似た近縁のダイゼンは、干潟や砂泥地でカニやゴカイを食べている。ダイゼン（大善）の語源は、肉が宮中の宴会料理（すなわち、大善）に用いられるほど美味しいからといわれている。体形の似たようなシギに、ヤマシギやタシギがいて、狩猟鳥リストに載っている。無論、美味しいから撃って食べたいと願うからで、人が美しいとか貴重な生物だとかを、都合で一旦は忘れることができる生き物だと承知した方がよい。だから、多少とも彼らとは違う採餌場に執着するのを賢明と思う。人は見間違いなど度々起こす。

セイタカシギ　　　　　　　　プロポーション

チドリ目　セイタカシギ科　セイタカシギ属　L37cm　　　　　　玉野市（5月）

　全長が37cmほどと解っていても、もっとずっと大きい鳥のように思われる。頸も嘴も長いけれど、脚は異様な感じを受けるほど長い。浅い水辺などで見掛けると竹馬を使って歩いているようで、妙な気分になる。首を伸ばして直立姿勢になると顔はずっと上の方に移動して、なるほど、背が高い。脚が長いことをいうより背が高いことを名にあてた見識には今更ながら感心する。

　抜群のプロポーションなどといわれるような人の場合は脚が長い。それで、8頭身という言葉も聞くけれど、成人女性の頭部平均23cmなら184cmとなる。きっと、溜め息が漏れそうなプロポーションでしょうが、試しに手持ち写真を測るとセイタカシギの場合は10頭身だった。脚は6頭身に相当する。人の頭部を基に仮想すると身長230cmで脚が138cm……どこかで見た観音像みたい。

　さて、現実のセイタカシギは脚と眼（虹彩）が赤い。成鳥♂は頭頂から後頸と上面は黒く、他は白いので精悍な感じがする。♀の頭頂は白い個体が多く、上面は褐色を帯びている。いずれにも個体識別可能な変異が見られる。長い脚で大股にゆっくりと歩きながら水辺で昆虫の幼虫や小魚、甲殻類、オタマジャクシなどを食べている。とにかく目立つので、ハヤブサに襲われることも多い。飛び立ち直後は危うく、度々捕獲される。進路をジグザグに高度を上げ、ハヤブサより上空に昇ると逃げ切る。水平飛行に移るとハヤブサがすぐに諦めるほど速く、人の視界からは"あっ"という間に消える。

水辺で採餌中のセイタカシギ成鳥♂の群れ　　　　　　　　　岡山市（5月）

越冬地へ向かう渡り途中、蓮田に飛来した♀　　　　　　　　岡山市（9月）

アマサギ

亜麻色の誤解

ペリカン目　サギ科　アマサギ属　L51cm　　　　　　瀬戸内市(5月)

　発端は、19世紀に活躍した仏人の詩の一節を曲名とした音楽家の前奏曲で、1960年代後半には日本のグループ・サウンズが曲名に使い、近年には女性歌手がカバー曲で世に広めた『亜麻色の髪の乙女』から、つい亜麻色に繋げてアマサギの種名を「亜麻色のサギ」と思いがちだが、間違いである。亜麻色という観念は比較的新しく、現実の亜麻色である亜麻で紡いだ糸の色と比較しても違いが解る。亜麻色は黄色がかった薄茶色で、アマサギの方は橙色味の強い黄色が感じられる。『図説 日本鳥名由来辞典』には「あまさぎの呼び名は飴色が訛ったかも知れない」という室町時代の文献を記載している。

　しかしながら、アマサギの白い羽毛を飴色で染め始めたような美しい羽衣と、亜麻色という言葉が放つ優しい響きを重ねたい、という衝動に駆られる。
　毎春「満開のレンゲ畑を闊歩する夏羽のアマサギ」を想像して巡回するけれど、アマサギはレンゲの花期が終わる頃に飛来して空想に終わる。アマサギはアマサギの正しい季節に飛来するからだと、近頃は諦めている。

　そのアマサギは繁殖を直前にして婚姻色を絡める。虹彩は血走った如くに赤く、嘴基部と脚部は妖しい赤紫色に染まる。まるで、不動明王の化身かと疑うほど凄まじい形相に昇華する。

　午後の農道を大股で悠然と横断する姿に、私は慌てて数歩引き下がった。「アマサギ大明神様」と呟きながら、思わず合掌。

キジ

キジ目　キジ科　キジ属　L♂81cm♀58cm　　　　　　　　玉野市(5月)

　キジは日本の国鳥です。以前は日本固有種の代表として1万円札の図柄にも使われ、古くは桃太郎のお供を命ぜられて鬼ヶ島で活躍した猛者でもあります。しかしながら、誠にいい難いことでありますが、あの貴重で美しいヤマドリと共に狩猟鳥として鉄砲で撃たれる身でもあります。

　国鳥と狩猟鳥のどちらかを外さなければ理不尽だからいずれ議論されて解決されるだろう、と勝手に思うばかりで無用に月日だけが経ちました。

　私が住む岡山は何かとキジに縁があり、誰かが理屈を付けて「県の鳥」もホトトギスからキジに替え、サッカーチームができると「ファジアーノ」と名乗りました。イタリア語でキジだそうな。「左様に永きに亘って働かせるのだから、岡山県は狩猟の対象からキジを外す」ともいえないのが現実です。

　さて、キジの♂は立派な尾羽だし、全身も美しく飾り、顔の赤い肉垂もハート形にあしらっております。したがって、当然の如く尾羽を広げ、翼は半開きにして、赤い肉垂は膨張させ、威風堂々と求愛します。一般に、多くの鳥類の♀たちはこぞって♂の美しさに惹かれます。でも、もしかすると、キジもコウライキジ♀と同様にケズメの長い♂を選択しているかも知れません。一夫多妻のコウライキジと乱婚だといわれるキジなので、多少の事情が異なるのかも知れませんが、♀を巡る♂同士の争いにはケズメで蹴り合うからです。求愛ダンスの最中も♀はケズメを注視？　いやはや、恐ろしいことです。

アヒル

カモの交雑

アヒル（奥）マガモ原種の家禽（シルバーアップルヤード）　　　　　　岡山市（2月）

　どのような生物も他種との交雑は望まないもので、まして鳥類は機能的に
考えても起こり難い。ところが、どこの世界にも例外が用意されているもの
だから、多様な鳥類には無論ある。

　近場の公園の池でカモが越冬する。ヒドリガモ、オナガガモ、マガモ、コ
ガモに、飼われてアヒル、ガチョウ、コブハクチョウ、いつしか棲みついて
アイガモやマガモモドキが餌をもらい、慌ただしいながらも食い外れのない
日々を送る。春には人馴れして、あらん限りの生態を繰り広げる。比較的発
情の早いマガモより、自然の摂理を意に介せぬマガモモドキは尚早い。節制
を知らないアヒルの場合は人にも似る。彼らの体力は野生のカモを圧倒し、抵
抗を許さないから劣勢なカモには悲劇が起こる。

　カモ類は水面で交尾するから「精子が水に流され、受胎を阻まれるという
苦難の時代があった」と考えられている。現在の繁栄には、♂の総排泄腔周
囲の襞が伸びるという驚異の適応が功を奏したからともいわれている。

　ある時、マガモモドキが行為に及び、あろうことか、格納しないままに闊
歩して写真を撮らせた。外出した大振りのサザエが如き一物で、適応にもほ
どがあるではないか。如何様に機能するものかは知らないが、無理をも通す
脅威であろう。その恐ろしい奴を、砂利で舗装された路面を何食わぬ顔のマ
ガモモドキが引き摺っていく。以て、豪傑かな。

公園のカモの群れ　　　　　　　　　　　　　　　　　玉野市（1月）

ペニス状に進化を遂げたアヒルの総排泄腔周囲の襞　　　　　玉野市（4月）

クロジ

スズメ目　ホオジロ科　ホオジロ属　L17cm　　　　　　　　岡山市(3月)

　クロジの漢字名には「黒鵐」を充てる。鵐の訓読みは「しとど」で、ホオ
ジロの古名だから「黒いホオジロ」という訳だ。クロジはその名が詰まった
ものかと思われる。その、クロジという発音は容易に「黒字」を連想させる
から、商いをする人ばかりでなく、家計のやりくりを任される婦人などにも
耳触りの好い響きの言葉ではないだろうか。

　山仲間で、鳥好きの知人の子息が店を持つので縁起にクロジの写真を飾ろ
う、という話が持ち上がった。私にも楽しみなことだから、快く引き受けた。
　その冬は数多くの個体が越冬したので、容易いことだと思ったのが迂闊だ
った。立派な黒字は成鳥♂と考え、ひたすら撮り続けた。しかし、撮れた個
体には茶褐色の若い羽毛が混じっている。場所を変え、情報を頼りに何とか
成鳥♂と確信の持てる個体が撮れ、ようやく知人に渡すことができた。

　私の手元には様々な個体の写真が残った。その写真を眺めていたある日、あ
る思いが脳裏を過ぎった。成鳥♂個体が黒字の極みなら、若い♂個体の黒字
は上昇一途であり、あらゆる黒字は♀成鳥個体が産む。若いお嬢さん黒字を
飾る華やかさも店先には好ましい。

　だから、今となっては愛しい「黒字」ばかりで、家内などは雛でも卵でも
良いから沢山欲しい、と申しております。その一因でもある私には少しばか
り堪えますが、真実なので苦情を申さずに我慢して頷いております。

コムクドリ

スズメ目　ムクドリ科　コムクドリ属　L19cm　　　　　　　　　　　岡山市(4月)

　近場の貯水池周辺にニセアカシアやエノキ、ムクの木などが雑多に生える
環境があって、エノキが柔らかい新芽を広げるとすかさず虫が湧く。無数の
虫喰い跡がせめぎあってエノキの若葉はレース地のようになる。すると、ど
こからともなくコムクドリが現れ"キュル、キュル、ギュルギュ"と鳴きな
がら忙しそうにその虫を啄んでいる。毎年4月20日前後のことである。

　群れは20〜30羽ほどで、1週間ばかりを過ごして北へ向かう。大部分は本
州中部から北海道に渡って繁殖するけれど、岡山県北の標高の高い地域でも
電柱の隙間などを利用して繁殖している。暖かい年や寒い日が続く年でもコ
ムクドリの飛来日は安定している。ただ、エノキの芽吹きが遅れるとコムク
ドリの食糧事情も変わる。ユスリカ成虫などで凌ぎ、数日で通り抜ける。

　コムクドリ♂の背から肩羽、雨覆、風切、尾羽は光を受けて金属光沢の妖
しい輝きを放つ。青、紫、緑色を基調にした美しい羽色は微細な羽の構造か
ら起こる光の反射によるものだから、刻々と変化して見飽きることがない。

　ある時、敬愛した鳥好きのEさんが「コムクドリは間抜けな顔、ノスリは
可愛い顔」といって驚かされたことがある。私は「コムクドリは可愛いけれ
どノスリは泥棒のよう」という言葉を思わず呑み込んだ。美しさも好みも人
それぞれ、と肝に銘じた。コムクドリの美しく輝く羽根を眺める度に想い出
す。バーダーの中には♀の優しい容姿を称賛する者も多い。

マダラチュウヒ

麦畑に夢が舞う

タカ目　タカ科　チュウヒ属　L♂42cm♀45cm　　　　　　岡山市（5月）

　鳥好きなので「好きではない」という鳥はいない。ただ、好きにも加減が
あって、アシ原や草地を低空でV字飛行するチュウヒ類には痺れる。
　チュウヒは今も安定して飛来し、ハイイロチュウヒは激減して稀な鳥とな
った。マダラチュウヒとの出合いは元より難しい。だから恋しい思いは募る。
　ある時、知人からの電話が鳴った。小振りのチュウヒが麦畑の上を飛び回
っている。バッタを捕って食べている。鋭い印象の顔だけれど、とても華奢
な細い脚だ「何だろう？」というような話だった。何はさて置き、時めきな
がら現地へ急行した。発見者の二人が、「警戒薄く写真も撮らせる」というので、
まず落ち着こうと思い深呼吸をした。1枚写したら、やっと動悸が収まった。
「ハイイロチュウヒでもないようだから、マダラチュウヒではないか？」と
見当を付けた。上背にはまだ碇模様のない幼い個体だったけれど、それはそ
れで、貴重な記録となるであろう。その後に、この個体の頸筋に見られる黒
い羽毛よりも、明るい黄色の虹彩から♂ではないか、と考えている。
　ある年の5月初旬の舳倉島へ向かう道中、河北潟へ立ち寄り、マダラチュ
ウヒ♂成鳥に出合った。黒頭巾に金の眼、白い上面に黒い碇模様が目立つ。
総勢10名、観察のみ。翌日、舳倉島上陸。問われて、手土産代わりにその様
子をストーブを囲う方々に披露した。誰一人、そんな様子も見せなかったの
に、翌朝には宿のキャンセルが相次ぎ、女将には合わせる顔もなかった。

クマタカ

タカ目　タカ科　クマタカ属　L♂72cm♀80cm　　　　　岡山市(3月)

　森林の王者に相応しい風格の巨大なタカで、仰ぎ見る翼下面と尾羽には美しいタカ斑がある。クマタカ類（Hawk-Eagle）の世界最北に分布し、アフリカ中央部分布のカンムリクマタカと共に世界最大級のクマタカといえる。

　英名の "Hawk-Eagle" とは実に微妙な言い回しで、タカなのか、ワシなのか、あるいは "タカ-ワシ" と呼んで、タカのような外見とワシのような大きさを伝えたい種名なのであろうか。和名クマタカの漢字表記には熊鷹と角鷹があり、熊は強いを表し、角は冠羽を指して、双方ともタカと呼んでいる。

　そもそも、ワシとは大きなタカのことだから、小さなクジラをイルカと呼び、小さなカンガルーをワラビーと呼ぶ習慣と同じで、何でも分類しなければ気が済まないのは人の習性でしょうか。ついでながら、タカ類の翼先の分裂を人の指に見立て、フィンガー（Fingers）と呼び、6本以下をタカ、7本以上をワシと呼ぶ向きもあり、7本のクマタカはワシの範疇に入ります。

　南方系のクマタカは日本列島を北上、北海道を北限に生息して大型鳥類、中、小型の哺乳類やヘビ類などを捕食する。生態系の頂点に君臨していますが、2年に一度の繁殖期に1羽だけを育てる、という慎ましやかな猛禽です。

　その生き方には、生態系下位の生物への負担を意識したかのような優しさが感じられ、学名の（*Nisaetus nipalensis*）は「聖なる地ネパールのニーススワシ」で、ニーススはギリシャ神話伝説の王だから相応しい名かと思う。

イスカ

松ぼっくり

スズメ目　アトリ科　イスカ属　L17cm　　　　　　　　まんのう町(4月)

　♂は橙色味を帯びた赤色、♀は黄色味を帯びた緑色で共に味わい深い羽衣なのだが、人の関心は常に「交差した嘴」へ向いている。

　イスカの語源は「ねじけている」という意味の「いすかしい」で、英名はRed Crossbill（交差する嘴）、学名は *Loxia curvirostra*（交差した嘴の鳥）と、嘴に拘っている。西洋には「イエス＝キリストが十字架に磔になった時に、釘を抜こうとして嘴が曲がった」という伝承があるためにイスカは幸運の鳥と崇められる。一方で、故事の「鶍の嘴」は物事が食い違って思うようにならない喩えだ。いずれも、交差した嘴が想像をかき立てている。

　イスカの嘴も孵化した時にはまっすぐで、成育と共に下嘴が左右どちらかに出る。どちら方向に曲がって出るかについては解っていない。

　好餌の松の種子を食べるために特殊化した嘴を、やや開きながら松笠の鱗片に差し込み、中で嘴を閉じると食い違って出た嘴先端が松笠の鱗片を押し上げて種子を掴み出す仕組みだ。風散布性の松は湿気の多い日には松笠を堅く閉じるので、獲得した嘴の機能は欠かせない。その松笠を裏から見ると、鱗片は右巻き左巻きが絡んだ渦巻き状に並んでいる。乾燥すると、どちらかの方向に偏って開く。閉じていても、開く方向にこじ開ける方が楽なはずで、嘴の捻じれ出た方向とも関わると、ずっと気掛かりだが解らない。

　落ちた松笠の付け根に千切った跡があれば、イスカに出合えるかも。

採餌に適した松笠にぶら下がるイスカ♀　　　　　　　　　　　岡山市（3月）

右巻き、左巻きに開いた松笠（同じ松で採取）　　　　　　　　岡山市（4月）

タシギ

チドリ目　シギ科　タシギ属　L27cm　　　　　　　　　　　　岡山市（3月）

　初めてタシギを見たのは広い農耕地に点在した耕作放棄地だった。草陰に身を伏せて、人が通り過ぎるのを注視しながら待っていた。だから、通り過ぎて、この辺りならと思われた場所から望遠鏡で覗いた。大きな眼がじっとこちらを見つめ、嘴は草の一株を突き抜けて異様に長い。何者だ、と思った。「こんな野鳥が身近に生息している」新鮮な驚きと興味を覚え、嬉しさが込み上げた。それからしばらくは耕作放棄地巡りが日課となった。

　通ってみるとタシギは沢山いて、いつしかタシギ以外のシギを目当てに通い、同定困難なジシギ類の捜索にも没頭した。間もなく、渡り途中のチュウジシギ、オオジシギ、ハリオシギに出合い、近辺にはヤマシギやアオシギが越冬していることも知り、一帯がジシギ類観察に適したフィールドであることが解った。全てタシギのお蔭である。

　特異な形態なので、特異な環境だけに適応して分布しているのかと思ったら、意外にも全世界に広く繁殖分布する汎世界種（コスモポリタン）だった。当然、ヨーロッパも分布域で、フランスの国民的絵本『ベカシーヌちゃん』やジビエ料理のベカシーヌはタシギのことだった。ちなみに、ジビエの王様ベカスは近縁種のヤマシギだ。だからか、2種は日本の狩猟鳥となっている。

　初めて出合った時から、タシギはあの黒い大きな眼で人の動向を窺って止まなかった。私は知らなかったけれど、美味しいとは気の毒に。

イカル

スズメ目　アトリ科　イカル属　L23cm　　　　　　　　　　岡山市(4月)

　探鳥会のフィールドにイカルがいると本当に助かる。スズメなどよりも大きくて群れだし、静かに観察すれば地上に降りて採餌するのが堪能できる。姿も鳴き声もとても印象的だから誰もがイカルの虜になる。奈良時代当時の古名「いかるが」は「まめまわし、まめうまし」などと変遷した後、大正時代にイカルに統一されている。漢字表記の「斑鳩」から、聖徳太子が移った斑鳩の里では普通に見られる野鳥だったことが窺われる。今日では斑鳩はジュズカケバトの漢字名で、誤用だったと解っている。国字の「鵤」は頑強な嘴を角に託した字面が好ましい。英名も Grosbeak（太い嘴）なので、誰もが嘴に注目する。その圧倒的な存在感で魅惑の嘴は堅いハトムギの種子をも砕いて食べるほど強力だが"キィーコーキィー"などと節ごとに抑揚のある伸びやかな優しい声で年中 囀 っている。学名は *Eophona Personata*（仮面を付けた暁の女神の声）で、黒頭巾を被った頭部の容姿に鳴き声を添えている。

　鳴き声は多様な「聞きなし」として残っている。「お菊二十四」や「月日星」のほか「四六二四」とか「蓑笠着い、と鳴いたら雨天」というものまである。

　ウグイスの「法法華経」のように強力な聞きなしは、脳が支配される危険を孕んでいる。ある時、登山中にイカルが囀って、同伴者が反応した。「確かに"ショウチュウホーシー"と鳴いた」と主張した。しばらく「焼酎欲しい」としか聞かれなくて、誰かが「麦か」と呟いた。大分の山中だったから。

ウグイス

音色

スズメ目　ウグイス科　ウグイス属　L♂16cm♀14cm　　　　玉野市(2月)

　ウグイスはコマドリ、オオルリと共に「日本三名鳥」に数えられる。あるいは「三鳴鳥」と表示し、美しい囀りをより具体的に示唆する場合がある。

　バードウォッチングや野鳥撮影を趣味にする人が多くなり、その度合いが深まるに連れ、人々の好みや評価も多様になる。ウグイスやコマドリを、キビタキやクロツグミに置き換えたいという願望も聞く。近年は音声を録音する技術が進み、臨場感のある囀りを思いのまま聴けるようになった。音声の科学的な分析が行われ、新たな驚きや感激を覚えるから好みは多様になる。

　昔の人には出合いの頻度や鮮烈な印象が優先したはずで、だからウグイスやコマドリが選ばれたのかも知れない。艶のある声質と一気呵成に放つような囀りは、多くの日本人が好んだ潔さにも通じて支持を得たのであろうか。

　黒沢明監督の邦画に『椿三十郎』という作品がある。ある時、西洋のどこかの国の鳥好きが観賞した。小川のせせらぎと椿の花のシーンに突如流れたウグイスの囀りに驚嘆したという。「なんという美しい鳴き声だ！」後年、念願だったウグイスに合うために訪日を果たしたそうだ。

　古い文献には、ウグイスは“ウウウクヒ”と鳴き「ス」は小さな生き物の名に添える接尾語だとある。ホーホケキョ（法法華経）という「聞きなし」に囚われると融通が利かなくなる。ウグイス本来の囀りを鑑賞するため、仏教伝来以降に染みついた定番から、我々の耳を一度解放しよう。

シメ

スズメ目　アトリ科　シメ属　L19cm　　　　　　　　　岡山市(4月)

　シメは北海道や本州中部では局地的に繁殖しているが、他の多くの地域で
は冬鳥として晩秋から初冬に飛来する。同じアトリ科のイカルやウソ同様に
パッチワークの図柄みたいな羽衣を纏っている。黒い羽毛に囲まれた黒い眼
のウソとイカルは表情が窺えないけれど、シメは褐色の虹彩と小さな黒い瞳
孔が相まって、冗談などが憚られる強面の印象を残す。体形はずんぐり型の
典型で、お世辞にもスマートとはいえないけれど、分厚い嘴からは"チッチ
ッ、ピチィ"と透明感のある鋭い声を放ち、ストイックな者の雰囲気がある。
　私の住む岡山辺りでは、イカルの飛来は減少傾向にあり、群れの規模も小
さくなって寂しいけれど、シメは多くなった。冬季には好餌のカエデの種子
をイカルの群れに交じって啄むのを度々見かける。
　シメの見所の一つは階段状の特異な形の次列風切羽で、濃紺の地色に輝き
を秘めた羽毛だから、あらゆる方角からの光を受けても目立ち、その効果も
絶大だろうと思う。異性へのアピールだと思われるけれど、まだ解らない。
　シメが飛来して越冬し、飛去する季節の春には密かな楽しみが待っている。
冬の間は肌色だった嘴が基部から白味を増し、次第に鉛色に染まり始める。表
面にパールの輝きが感じられると、間もなく漢名の「鉄嘴」と呼ばれる容姿
となり、シメは故郷へ帰り正装して求愛する。その頃には気品をも放つ強面
に仕上がっているのであろう。

ハジロカイツブリ

カイツブリ目　カイツブリ科　カンムリカイツブリ属　L31㎝　　　　　瀬戸内市（3月）

　小さな群れを形成して越冬したハジロカイツブリは、春になると眼の後方に金色の飾り羽を備えた美しい夏羽へと変身を遂げた。赤い虹彩の眼は艶を増した黒い羽毛の中で際立ち、まるでルビーの如く輝いている。

　繁殖地への渡りを間近に控えた4月、群れは浅瀬に広がる藻場を狩場と定め、メバル、カサゴ、アイナメ等の小魚から甲殻類まで、次々と食べ続けた。過食を繰り返したハジロカイツブリの体は、洋樽のように丸々と太った。飛翔に差し支えるのではないか、と思われた数日後、群れは一斉に旅立った。

　日本で越冬するハジロカイツブリは、ウスリー川流域から中国東北部にかけての地域で繁殖すると考えられている。シギ・チドリ類ほどの長い距離の渡りではなくとも、備えが充分でなければ時には厳しい旅となる。

　群れが去った静か過ぎる海辺で、昨秋に飛来した若いメダイチドリを思い浮かべた。極度に痩せ細り、竜骨がむき出しになっていた。

　鳥の渡りは血液中の糖を燃料として始まり、燃え尽きると燃料は脂肪に代わる。用意周到なら、脂肪が底を突かない間に目的地、あるいは中継地に到着する。ところが渡りは過酷で、予想不能な苦難が度々待ち受ける。風に煽られ無用に飛行距離が延びると脂肪を使い果たす。筋肉の蛋白質を代謝して燃やし始めると、胸筋は急激に細って翼を打ち続けられず、遂には落鳥する。

　燃料補給に立ち寄る中継地の存続と保護が望まれる。劣化は命にも関わる。

ハヤブサ

ハヤブサ目　ハヤブサ科　ハヤブサ属　L♂42cm♀49cm　　　　　たつの市(5月)

　2012年に日本鳥学会から出版された『日本鳥類目録 改訂第7版』には分子系統学の発展が反映され、分類と配列は大幅に見直された。ガイドブックや写真図鑑の最後尾だったカラス類は200種分も前へ移動、タカ目から離れたハヤブサ類は目を形成してスズメ目近くに配列された。探鳥会では第6版基準の話題を永らく続けたので、急激な変更には戸惑った。けれど、未来へ繋がる扉が開かれ「真実の立ち並ぶ風景が見える」と思い直した。

　遺伝子解析からハヤブサ目はオウム目の近縁と解明された。だから、ハヤブサとタカの外見が似通った要因は「収斂進化」だったことになる。似たような獲物を似たような方法で永年捕り続けた結果、似た外見に至ったので、ツバメとアマツバメの例があり、一般には鳥とコウモリが広く知られている。

　ハヤブサの繁殖は営巣可能な箇所数に左右される。瀬戸内沿岸には多い石切場跡が格好の営巣場所となり、個体数増加に繋がっている。増殖したドバトが育雛期の好餌となり、石切跡と共にハヤブサ繁栄を支えている。

　ハヤブサは速い。水平飛行ではハヤブサより速い種も聞くが、捕食態勢に入ったハヤブサには敵わない。獲物上空から翼を畳んで急降下し、時速350km以上ともいわれる。鼻孔には渦巻き突起があり、肺への高圧空気流入を和らげる。文字通り「鷲掴み」にして獲物を殺すタカと違い、ハヤブサは強力な嘴で首を撥ねる。嘴を器用に使うオウムを彷彿させ、そうなのかと思う。

ハチクマ

タカ目　タカ科　ハチクマ属　L♂57cm♀61cm　　　　　岡山県(5月)

　夏鳥のハチクマは越冬地の東南アジア周辺から、5月上旬頃に繁殖のため
に日本の森に帰ってくる。ハチを好んで食べる習性と、クマタカに似た容姿
が種名の由来といわれている。一説に、ハチクマ八不思議といわれるほど謎
の多い、故に鳥好きを、殊に猛禽好きを虜にして止まない魅惑のタカなのだ。
　飛来初期は、スズメバチ類がまだ餌の対象となる状況ではないので、カエ
ル、トカゲ、ヘビなどの両生類や爬虫類、昆虫などを食べて凌いでいる。
　ハチクマがハチ類の状況や動向を常に注視している、ということに疑いを
挟む余地はない。人の生活様式の一部でも、明日を生き抜く糧になるならハ
チクマは見逃がさない。視野に入れ、慎重に、ある時は迅速に行動する。ミ
ツバチも紛れもないハチの一種で、まもなく開花するニセアカシアの良質な
蜜を求めて養蜂家と共にその林を訪れる。周囲の環境へも、ミツバチは様々
な蜜を集めに分散する。昼前には、ミツバチの羽音が林の外まで及ぶほど活
発に行動する。ハチクマが惹かれるようにニセアカシア上空に集う。何度か
旋回した後に音もなく舞い降りる。複数羽の同時確認も稀でなく、10個体以
上確認の日もあった。興奮して冠羽を立てても大概は争いにまで発展しない。
スズメバチ等の巣を共同して襲う習性が争いを回避させるのだろうか。飛来
直後には養蜂家が作業過程で取り除いて廃棄した人には不要の、ハチクマに
は糧となる物を高枝から長い首を伸ばして物色している。

イソヒヨドリ

ビルの谷間に進出

スズメ目　ヒタキ科　イソヒヨドリ属　L24cm　　　　　　　　玉野市（3月）

　イソヒヨドリは磯の岩場で見かけるし、いかにもその環境に似つかわしい色合いの羽衣を纏った小鳥だと思う。磯には餌となりそうな虫がウジャウジャいて、どうかするとすぐに岩の陰に身を隠せるのだから安全だろうとも思う。しかし、磯の岩場にイソヒヨドリが溢れることはない。潮の干満差が大きな瀬戸内などの磯に、営巣に適した小高い岩の裂け目など案外少ない。穏やかな海も時化ると日常の全てが止まるから、繁栄を極めるには困難も多い。

　イソヒヨドリが市街地のビルや橋脚の隙間を利用して繁殖することは以前から知られている。無機質な環境を岩場に見立てた進出なのか。近年では川伝いに遡上して、山間部の集落付近にまで繁殖域を拡げている。新天地を求めて模索するのだろうか。磯がどんどん遠のいていく。イソヒヨドリは永い時間を費やしたいつの日か、海の青から山の緑に羽衣を塗り替えるのだろうか。少しずつ光の反射角度を操りながら。

　観察会などで♂♀同時に姿をみせると、派手な♂に人気が集中する。赤褐色の体に青い頭巾を被ったような配色には惹かれるが、私は♀を確認し、成熟した♀の個体なら是非にと観察を勧める。全身灰褐色の体羽には深い青色味を滲ませ、濃い茶褐色の鱗模様をあしらった体下面は順光の中に渋く繊細な美しさを放つ。♂の澄んだ声質の爽やかな囀りと共に、日本風土特有の落ち着いた美しさが感じられる稀な野鳥かと思う。

ハクセキレイ

ミニサンクチュアリー

スズメ目　セキレイ科　セキレイ属　L21cm　　　　　　　　　　岡山市（3月）

　ある冬のこと、ハクセキレイが仕事場の庭先に頻繁に姿を見せるので、餌代わりに野菜畑で出た虫を置いてやった。何度か繰り返すうちに覚え、定時を作ってくるようなことになり、こちらも待ち望んで接待した。

　餌を介してではあるが、ハクセキレイという野生動物と人がどの程度まで親しく交われるのだろうかと思い付いた。そこで、ハクちゃんと呼び、私が危害を与えない相手であることを知ってもらおうと考えた。ゆっくりとした動作に同じ服装で対応した。しばらくして、車の音まで聞き分けていると解り、幼稚な対応が無駄だと悟った。ハクちゃんの観察力は人の比ではない。それからは普通に行動し、「私はハクちゃんが大好きです」という素直な態度で接した。すると、急激に距離が縮まり、生涯忘れないと思われる数か月を共に過ごすことができた。

　大切な存在となれば、我が子を想う気持ちと遜色ない。だから、喜びと共に心配事が発生するのも仕方ない。与えることで、奪うものがないだろうか。過ぎた給餌が採餌能力の劣化を招きはしないか。人や車への油断はないか。定位置の採餌と永い休息時間が、猛禽の狩りの好機にならないか？等々。

　喜びと不安を織り交ぜた数々の想い出を残し、鳥類の繁殖へ向けた春の大移動の最中、忽然と姿を消した。秋に再会すれば歓喜するだろう。しかし、それは願わない。私には仲間を凌ぐ充足は与えられないよ、ハクちゃん。

シマアジ

カモ目　カモ科　マガモ属　L38cm　　　　　　　　　　　　岡山市（4月）

　コガモほどの小さなカモだが、シマアジには強烈な存在感がある。殊に、夏羽♂の太くて長い立派な白い眉斑は目を惹く。顔から胸の赤味のある紫褐色は複雑な模様を形成し、脇で青味のある灰白色に色変わりする。白黒の長い肩羽は美しく、恋のアイテムでもある。

　種名の「シマ」は「島に産する特殊な種類」とか「外国産のもの」ほどの意味合いで、やや変わった種類に付ける接頭語であり「アジ」はコガモの古名だから「コガモに似た少し変わった種類」という意味の種名、と『図説日本鳥名由来辞典』に記載されている。一方で、アジの語源は「味」が好いからである、という解釈もある。万葉集にでている「あぢ」を詠んだ九首の中の四首では「あぢ」が漢字の「味」で表記されている、このことはその説を支持するかも知れない、との記載もある。だとすれば、カモも先ずは食糧であった時代の、本種には迷惑千万な呼び名かと思う。現在は狩猟対象28種の鳥類に該当せず、幾分かは安心であろう。今や「観賞して楽しむ」時代である。

　以前、登山クラブで「春の山野草を天ぷらに揚げて食べよう」という企画があった。里山の小さな頂に道具一式を担ぎ上げ、タラの芽や椿の花、ヨモギなどに交じりシュンランがあった。運悪く、植物愛好家が側を通り掛かった時、シュンランは油の中に放り込まれて"ジュッ"と音を立てた。その婦人が皆を諭した。「愛でる方がずっと価値があるものよ、ジジババは」

ウズラシギ

ベレー帽

チドリ目　シギ科　オバシギ属　L21cm　　　　　　　　　　　岡山市(4月)

　日本では旅鳥として春と秋に各地で普通に見られる中型のシギだけれど、ユーラシア大陸高緯度（ツンドラ地帯）のごく限られた地域でのみ繁殖していることを考慮すると、将来の存続が危惧される貴重な野鳥なのかも知れない。他のシギに比べ、ずんぐりとした体形がウズラに似ているのが種名の由来だといわれている。ほど好い長さの嘴に明瞭な白いアイリング（眼の周り）とベレー帽を被ったような頭部の羽色がお洒落な雰囲気の素敵なシギだ。

　シギ、チドリ類を観察する楽しみは、夏羽と冬羽、成鳥と幼鳥、種によっては♂♀でも羽色が異なることだ。多くの種で、成鳥夏羽♂の羽衣は殊の外美しい。だから、ウズラシギも群れていると美しい夏羽で飾った成鳥個体を探してしまう。その後に順を追って個体を見届ける。成長過程の違いで微妙に羽衣が変化しているのが楽しめる。また、渡り途中のシギには珍しく、両翼を広げ、尾羽を立てるディスプレイ（求愛誇示）が観察できる。そんな時や飛翔時に撮影した写真から、尾羽（特に中央尾羽）先端が尖っているのが解る。英名Sharp-tailed Sandpiper（尖った尾の……）や学名 *Calidris acuminata*（先の尖った尾のシギ）も、そのことを種の特徴と捉えて種名に残している。ウズラシギを観察していても両翼の初列風切羽が尾羽を覆い隠しているから尾羽先端の様子は確認し難い。ならば是非にも見たいと切望するものだから、見られた時の嬉しさといったら喩えようもなかった。

オオムシクイ

ジジロ、ジジロ

スズメ目　ムシクイ科　ムシクイ属　L13cm　　　　　　　　玉野市(5月)

　以前はメボソムシクイの亜種コメボソムシクイと分類されていた本種は、『日本鳥類目録 改訂第7版』(2012年9月15日発行)から、別種(独立種)オオムシクイと改められた。その結果、同属近縁3種はコムシクイ、オオムシクイ、メボソムシクイと仕分けされることとなった。元々、同定困難なムシクイ類にあって、この3種の同定は困難を極める。野鳥図鑑などに記載されている体長は3種共にL13cmで、種名から感じられるような大きさの違いはない。仮に数cmの違いがあったとしても別々の観察で、正確な比較は叶わない。ただし、容姿の紛らわしい近縁種は天の仕分けかと思われるほどの異質な声で鳴く。一年を通して発声する「地鳴き」を聴き分けられたら申し分ないけれど容易いことではない。だから、春の囀りを聴きながら目を養う。ありがたいことにオオムシクイは毎年の同じ頃(5月20日前後)深山公園の同じ場所に1週間ほど姿を見せ"ジッジッ、ジッジッ"と濁った声で鳴きながら小枝を伝って移動し"ジジロ、ジジロ、ジジロ"と揺するように囀っている。

　日本野鳥の会岡山県支部が開催する冬季限定だった深山公園探鳥会は、オオムシクイの"ジジロ、ジジロ"を聴こう、という担当者の意向から5月まで延長された。あくまでも趣味の会なので「面白がる」は必須条件である。「ジジロ、ジジロ」が深山公園を通過すると、私たちの冬季探鳥会は漸く終わりを告げる。

サルハマシギ

赤い夏羽

チドリ目　シギ科　オバシギ属　L22cm　　　　　　　　岡山市(5月)

　赤く焼けた夏羽は一部のシギに見られる極上の繁殖羽で、中でもコオバシギと共にサルハマシギの成り様は抜きん出て美しい。

　赤い猿の顔に見立てたサルハマシギ（猿浜鷸）という呼び方は、マシコ（猿子）類4種にも使われている。しかし、マシコ類の紅色とは随分異なり、茶褐色なので、学名 *Calidris ferrugines*（鉄錆色のシギ）は現実の羽色を的確にいい表している。ただ「鉄錆色」では、美しい羽衣を纏った個体と出合った想い出までが錆び付くようで悲しい。

　サルハマシギの夏羽は異性の気を惹くだけに着飾った羽衣という訳のものでもなく、繁殖に向かうユーラシア大陸の北極海に面したツンドラは乾燥した環境で、小高い凹地に乾いた苔や枯れた柳の葉で作る巣には紛れる。抱卵中に外敵が近付いてもそっと離れるだけで、擬傷行動には及ばないといわれるから、迷彩効果もよほど優れているのであろう。

　秋には遠い越冬地へ向かう幼鳥が日本列島の干潟や蓮田などに立ち寄る。消費した燃料である脂肪の補給と羽を休めるために。成鳥の夏羽とは随分異なる質素な装いで、淡い灰褐色に白い縁取りが鱗状を成している。更に、その内側には黒いサブターミナルバンドが涼しさを演出して秋風のようだ。

　ある時、嘴を眺めながら妄想に取り憑かれた。洋梨の蔕が嘴に重なり「掴んで引くとポコッと取れる」それは困る。私は何度も頭を振った。

コシャクシギ

チドリ目　シギ科　ダイシャクシギ属　L30㎝　　　　　　　　　岡山市(4月)

　ユーラシア大陸高緯度東半分域で繁殖し、ニューギニア島及びオーストラリア大陸に渡って越冬するので、日本列島は渡りルート上にあるにもかかわらず確認される個体の極めて少ないシギだ。国際自然保護連合（IUCN）から絶滅の危険性が大きいとして「危急種」に指定されている。残念なことだ。

　同属のチュウシャクシギは一回り大きく、ダイシャクシギ、ホウロクシギは更に大きい。シギ科最大型のグループなので、コ（小）を種名に冠しているけれど、中型以上のシギで脚も長い。あくまで、チュウシャク、ダイシャクとの相対的な比較によるコシャクなのだ。シャクは嘴を柄杓の柄に見立てた呼称で、数の多いチュウシャクを見慣れているから、コシャクの嘴は不足に短く、ダイシャク、ホウロクの嘴は異様に長く感じられる。

　コシャクシギは疎らな草地を歩き、好んで昆虫などを食べているから他のシギ類とは異なる環境で見掛ける。短い嘴が影響するものか、黒い眼は大きく感じられ、嘴基部には赤味が差して、とても可愛らしい印象を受ける。

　4月半ば、埋め立て中の広い砂礫地が薄紫色に染まるほどマツバウンランの可憐な花が咲いていた。そこに3羽のコシャクシギが登場してお花畑を右に左にと走り回り、花が揺れた。花にはユスリカの成虫が無数に群がっていた。3羽は、まるで花に戯れる3人のお嬢さんのようにいつまでも止めなかった。マツバウンランは北米原産の帰化植物で、花言葉は「喜び、輝き」だという。

オオアカゲラ

穴を穿つ

キツツキ目　キツツキ科　アカゲラ属　L28cm　　　　　　　吉備中央町(4月)

　オオアカゲラに限らず、キツツキ類は概ね穴を穿つ。「穿つ」の語彙は「孔をあける」とか「穴を掘る」という意味のほかに「凝ったことをする」という解釈も併せ持つ。キツツキの掘った穴を見る度に感心させられるのが、定規を使って成し得たような美しい穴の精度だから「穿つ」というに相応しい。

　キツツキの嘴は驚異の適応進化を遂げて無類の能力を秘めている。樫の生木に穴を穿ち始めたアオゲラに遭遇したことがある。樫の木は石を持って叩くと"カチン"という音がするほど堅い。アオゲラは頭を思い切り振りかざすと、叩き続けた。見ているこちらの気分が悪くなる。左右の木肌を縦方向に裂き、続いて上下の繊維を横方向に切り崩すと、木屑を放り投げた。"ドスン、ドスン"と鈍い生木の音が休みなく続く。人なら、訳もなく脳挫傷で酷いことになる。じっと見ていられないほどの激しい衝撃はどこがどのように引き受けて、彼が安泰なのだろうか。

　キツツキに関する研究者のローナ・ギブソン教授は「キツツキの脳が約2gと小さいこと、木と嘴の接触時間が1000分の1秒と短いこと」などを指摘している。また、ある鳥類研究者は木を突く衝撃は頭蓋骨の周りに分散され、底部と後部の頑丈な骨に伝わり、脳に圧力がかかるのを防ぐ、と回答し、頭蓋骨を取り巻く骨と筋肉の構造も脳の保護に役立っていると示唆している。

　クマゲラの一撃は蛇をも退治し、アカゲラは恋心が募ると金属をも打つ。

トモエガモ

カモ目　カモ科　マガモ属　L40cm　　　　　　　　　岡山市(3月)

　トモエガモとは上手く名付けたものだと感心する。一度そう呼んだなら、巴
模様の鮮烈な印象に思考が支配され、他を考慮しても無意味な気がする。そ
れほどなのに、英名にも学名にも特異な顔の模様に留意した形跡がない。

　繁殖地のユーラシア大陸高緯度東部のシベリア及びカムチャツカ半島から
中国南東部の越冬地までが分布域で、きっと、実物を間近で観る機会も稀で、
欧米諸国の鳥好きには別世界のカモなのであろう。

　トモエガモの名には、奈良時代から平安時代には「あぢ」が用いられ、江
戸時代になると「あぢかも」や「ともえがも」と呼ばれるようになり、大正
時代に「トモエガモ」に統一されている。

「あぢ」の語源に関しては「味がよいからである」と『日本古語大辞典』に
あり『万葉集』の「あぢ」を詠んだ九首中の四首が「味」で表記されている、
として『図説日本鳥名由来辞典』が支持している。一方『大言海』では「集」
の転じたもので「あぢむら」というように集まって群れをなすから、として
いる。いずれにしても「ともえがも」の名は水巻きのような巴の図柄が考案
された以降になる。また、その頃には食材でもあって、人の嗜好にも適った
訳だから「食べて美味しかった」という満足から「美しい容姿に相応しい呼
び名を」という思いは希薄だったのか、と推測している。

　学名は美しいカモ（*Anas Formosa*）で、他意のないことが解る。

ヒメコウテンシ

スズメ目　ヒバリ科　ヒメコウテンシ属　L14cm　　　　　　　岡山市（4月）

　物の名前には、一度聞くと生涯忘れられないほどに印象深いものがある。ま
だ若い頃、自然観察同好会で登山が計画された。会員は山の知識が浅く、深
田久弥の『日本百名山』から、好きな山名「早池峰山」を選んでいた私が提
案して決まった。天候に恵まれ、日頃から山野に遊んだ会員の健脚が物を言
って、幸いにも楽しい想い出となった。しかし、その後多少の登山を経験し
「美しい名前に魅了されただけの無謀な提案」だったと反省している。

　野鳥の種名には災いが潜んでいないから、いくらでも思いを寄せられる。鳴
き声を聞かない内は、ジュウイチ、チフチャフ、サンコウチョウ、が何とも
奇妙な名に思われた。キクイタダキ、ヒクイナ、アマサギ、の名には美しい
者を連想した。マミチャジナイ、マダラチュウヒ、サンカノゴイ、は何やら
解らぬままに重厚なイメージが名に付き纏った。キリアイ、セッカ、ノジコ、
トウネン、などの名は爽やかに受け止めた。由来を知って思いを寄せたのが、
ムギマキ、ミコアイサという名だった。しかし、初めて知った時から今も尚、
心に宿って仄かに香り立つのが「ヒメコウテンシ」という種名。

　ヒメコウテンシの漢字名は「姫告天子」で「告天子」はヒバリの古名だか
ら「小さなヒバリ」を示す。同大の近縁種にコヒバリもいて「小雲雀」とヒ
バリの別の漢字名「雲雀」を使い分けている。ヒメコウテンシは矗贔の小鳥
だけど地味だから、自分の名が解れば気恥ずかしいかも知れない。

ダイサギ

ペリカン目　サギ科　アオサギ属　L90cm　　　　　　　　　　瀬戸内市(5月)

　日本で見られるダイサギは、以前はオオダイサギとも呼ばれた亜種ダイサギと、国内で繁殖する夏鳥の亜種チュウダイサギとがいる。亜種名で解るように、体躯(たいく)には差がある。大型サギ種のアオサギを挟んで、亜種ダイサギは僅かに大きく、亜種チュウダイサギはやや小振りである。満開のレンゲ畑を闊歩する写真の個体は亜種チュウダイサギで、繁殖の準備が調ったことを告げる婚姻色が眼先に出ている。

　サギ類のレース状となった繊細で豪華な飾り羽（夏羽）はバードウォッチングの醍醐味で、繁殖期の数か月間は楽しめる。更に、種毎に色分けされた眼先の婚姻色は妖艶とも感じられる美しさを湛(たた)えている。ただ、惜しいことに夏羽ほど長続きせず、種によっては数週間で色褪(あ)せる。期間限定のお楽しみ、という訳だ。ちなみに、コサギは赤味を帯びた濃いピンク色。チュウサギは黄緑色。ダイサギはコバルトブルー。アオサギは透明感のある紅色。アマサギは柔らかな赤紫色。カラシラサギは濃い青色。クロサギには黄色～黒色に及ぶ変異がある。いずれも劣らぬ美しさです。

　レース状の飾り羽に艶やかな婚姻色を併せ持つ「恋するサギの各位」ゆったりとした優雅な立ち振る舞いで器量に不足はないけれど、世間に知られた悪食の数々。カエル、ヘビ、ネズミは普通で、えっ！と思うサイズの魚やウナギにカモのヒナ、四角で喉を下るスッポン。まぁ、容姿と食性は別ですか。

ノビタキ

黒頭巾の装い

スズメ目　ヒタキ科　ノビタキ属　L13cm　　　　　　　　赤磐市(4月)

　私の住む岡山辺りでは春秋の渡り途中に立ち寄るだけの旅鳥だから、強い季節感が伴う。野鳥撮影を趣味に持つ者には天使のような存在だ。春は菜畑に現れ、秋にはコスモス畑や涼しい地域のソバ畑に登場してカメラマンを喜ばせる。個体数も多く、追わなければ人も恐れず、高い花の頂に留まる。ノビタキほど心安くモデルを引き受ける野鳥はいない。1度や2度の失敗で挫けなくても、舞い戻っては止まるので挽回のチャンスはある。

　ある日「菜畑の蝶を追うノビタキの華麗な飛翔」を目論み挑んだ。小さな蝶が菜畑に滲むばかりで、だから、器量を超えた高望みが叶う訳でもない。

　ノビタキ成鳥♂夏羽みたいに、黒い頭巾を被った小鳥は意外にも多い。コジュリン、オオジュリン、アトリ、ウソ、イカル、コイカル、などがいる。種には共通して、眼（虹彩）が黒いか暗褐色で、よほど近付かないと眼がどこにあるのか解り難い。元々人のようには白目（強膜）が見えない上に瞳孔は黒いから、どこを向いているのか判然としない。人には充分だけれど、猛禽のような天敵の視覚にも曖昧さが及ぶだろうか。猛禽だって、じっとこちらを見ている獲物は襲い難いだろうから。それはお互い様で、襲う方にも黒い過眼線を備えた者がいる。ただし、彼らの虹彩は大概明るい。ハンディかな。

　営巣地で目立ち、肝心の抱卵時に災いを招くようだと取り返しがつかないから、好きな黒頭巾を♂に被らせても、賢いノビタキ♀は被らない。

シロハラ

穏やかな野鳥

スズメ目　ヒタキ科　ツグミ属　L25cm　　　　　　　　　　　　岡山市(3月)

春　シロハラ

　冬季、普通に見られるツグミ属の種では最も大きい。地上での採餌が主で、物怖じしないから容易に観察できる。驚かさなければ、落ち葉などを掻き分けて昆虫やミミズを探し出して食べる様子が見られる。

　シロハラの漢字表記は「白腹」だが、腹部に白いというほどの羽毛はない。近縁種アカハラ「赤腹」との比較で、そう呼ぶのだろうと思う。実際、英名ではPale Thrush（淡いツグミ）学名では*Turdus Pallidus*（青白いツグミ）という認識なのだ。

　野鳥の人気は派手な色合いの容姿や印象深い鳴き声の種に偏りがちだけれど、シロハラのように地味で静かな日常を好んで単独でいる鳥に出合うと、こちらの気持ちも幾分か落ち着く。世間の煩わしさもその際には忘れて、穏やかな心持ちを取り返そうという素直な気持ちが芽生える。

　釣り人の聖書『釣魚大全』の作者アイザック・ウォルトン卿が、自然から人は「おだやかになることを学べ」の教訓を残している、と同じ釣り好きだった開高健が自身の著作『完本私の釣魚大全』に記している。私にはシロハラが、その小さな伝道者かのように思われる。

　そんなシロハラにも、唯一のお洒落アイテム「金色のアイリング」があって、成熟した♂の黒味を増した頭部に映える。派手過ぎず、ほど好さが気品を引き寄せて美しい、と思うのだけれど贔屓目が過ぎるだろうか。

オオソリハシシギ

旅 は 道 連 れ

チドリ目　シギ科　オグロシギ属　L39cm（右）　　　　　　　　　倉敷市（4月）

　長く反り返った嘴が特徴の大型シギで、春の渡り途中に見られる成鳥夏羽♂は顔から腹部にかけて赤褐色の羽衣を纏っていて、とても美しい。♀の成鳥夏羽は少し控えめな赤褐色だけれど、体は一回り大きく見栄えがする。

　大きな河口の干潟などで、チュウシャクシギ、ホウロクシギ等の大型シギや中型のオバシギなどと混群を形成して忙しく動き回って採餌するのが見受けられる。反った長い嘴を砂泥に差し込んで引き抜いたゴカイや、追いかけて捕らえたカニを食べたりしている。

　繁殖地はユーラシア大陸からアラスカ西部にかけての広範囲の高緯度地域で、西ヨーロッパからアフリカ、紅海沿岸からインド西部、更に東南アジアからオセアニア全域と広範囲に渡って越冬する。いずれも長い旅路で、群れを成す種ではないから、安全確保のためにも他種との混群形成は必然なのであろう。隠れる場所のない干潟はハヤブサの格好の狩場でもある。また、あるいは、鳥といえども一人旅なんて侘しいものだろうから「旅は道連れ、世は情け」ということだってあるのかも。

　近年、オオソリハシシギは1週間も飲まず食わずで飛び続け、遥か1万km以上彼方の越冬地へ向かう個体のいることが解明されたそうだ。

　混群形成を組む道連れ他種は越冬地も重なるが「いくら何でも韋駄天（い だ てん）のような急ぎ旅を敢行する者には付き合えない」と断るであろう。

ツメナガセキレイ　　キセキレイという英名

スズメ目　セキレイ科　セキレイ属　L16.5㎝　　　　　　　　　　　岡山市(5月)

　ツメナガセキレイは黄色いセキレイで、もっと頻繁に我々の前に出現したなら英名（Yellow Wagtail）同様に「黄色いセキレイ」という意味合いの種名で呼んだかと思う。多少は黄色味で劣っても、親しみの度合いで遥かに勝るから留鳥のキセキレイがいる。だから、ツメナガセキレイは次なる特徴の長い後指の爪が種名に使われた。

　ツメナガセキレイは5亜種に分化し、ユーラシア大陸の中・高緯度から北アメリカ大陸北西部のアラスカ西海岸地域までの広範囲で繁殖している。北海道北東部で一部が繁殖するのは眉の黄色い亜種ツメナガセキレイで、シベリア東部からサハリンに分布するのが写真のマミジロツメナガセキレイで、春秋の渡り途中に出合える。他の3亜種は日本海の島嶼で稀に確認される。

　セキレイ科の鳥は体がスマートで脚が長く、尾を上下に振る。小石の多い水辺などは歩き難いので長い尾を振ってバランスを取るのだろうか。足元を覗き見ると、後指の長い爪がバネのように揺れていた。文献には「逃げ回る虫を追い、空中でのバランスをとるにも役立つから、フライングキャッチの頻度の高い種ほど尾羽が長い」とある。

　ある時、採餌後で、ただ休んでいるような個体が尾を振り続けていた。日常の全てがそのリズムの中で進行するのかと不思議な気持ちがした。なぜか、脳裏には小刻みに体を揺する寿司職人の手際好い仕事振りが浮かんでいた。

メダイチドリ

赤頭巾

チドリ目　チドリ科　チドリ属　L20cm　　　　　　　　　倉敷市(5月)

　成熟した個体が繁殖期を前に美しく装う羽衣を「夏羽」と呼ぶ。夏羽とは、四季を尊び、喜び、四季に遊ぶ日本の美しい言葉だけれど、西洋式に「繁殖羽」と呼べば解り易い。カモ類などは冬季に求愛するため、真冬に夏羽と呼ぶ違和感が起きる。

　日本で確認された633種『日本鳥類目録 改訂第7版』の内、最多はスズメ目の226種で、次が145種のチドリ目となる。チドリ目は11科で構成され、その内の8科、80種がシギ、チドリ類で、短くシギチと呼ばれる。水辺を歩き回って採餌することから渉禽類とも呼ばれる。干潟では数十種の観察も可能で、大群を形成する種もある。夏羽、冬羽の違いのほか、♂♀、成鳥、幼鳥による羽衣の違いを楽しめる。南北3000kmに及ぶ日本列島は、各地にシギチの中継地（採餌場）がある。ジシギ類のように同定困難な種も抱えて、愉しみは奥深い。野鳥観察を趣味に選んだなら、ガイドブック片手に望遠鏡を担いで干潟へ行こう。歓喜するようなビギナーズラックが君を待っている。

　春のメダイチドリは、橙赤褐色の羽衣を頭部から胸に纏う。白い喉との境界には黒い縁取りがあり、まるで赤い頭巾を被ったような出で立ちになる。眼周囲の黒い羽毛で、種名「目大千鳥」の由来も窺えないけれど、冬羽となった秋には縁取りも消え、なるほどと頷ける。一回り大きい、稀な種にオオメダイチドリがいる。嘴と脚が長く、赤頭巾には黒い縁取りがない。

オグロシギ

チドリ目　シギ科　オグロシギ属　L38㎝　　　　　　　　　　玉野市(5月)

　小さな蓮田に大きな鳥が何羽も入って忙しなく歩き回っている、との情報に飛び付き、行ってみると４羽のセイタカシギと６羽のオグロシギがいた。

　春の渡り時期の、蓮が新葉を疎らに伸ばしただけの見通しの良い一反ばかりの蓮田に、大型シギが10羽もいるのだから驚いた。蓮田の所有者に聞くと、１週間ほど前からいる、ということだった。警戒の様子がない。飛来時に、人からの負荷がなかったことが窺われる。人と鳥が互いを受け入れた稀な出合いだ。西側のコンクリートの畔に腰掛けて、陽が傾くまで観察した。

　午後の時間ばかり３日通って、同じ場所に腰掛けた。夕方にハヤブサが蓮田低空を通過する際には、一気に駆け寄って身を伏せた。頼られたようで、あんなに嬉しい気持ちを味わったこともない。羽繕いは度々した。初めは蓮田の中ほどだったのが、仕舞いには写せないほど近くに寄った。まっすぐで長い嘴は、遠い箇所には都合良く働いたが、顔や首周りはどうすることもできないから、じれったいようであった。オグロシギのくつろいだ様子がセイタカシギに伝染したのか、赤くて長い脚を一本立ちにして休んだり、水浴びしたりして喜ばせた。それでも全幅の信頼は寄せられない、とでもいうように、時々立ち止まってこちらを窺うので、身動きせずに視線を落として待った。

　飛去前日の夕刻には蓮田に西日が差し、採餌するシギが水面に映えた。幻想かと思われるほど美しい光景だったけれど、もう私は撮影しなかった。

49

ムネアカタヒバリ

特異な色彩

スズメ目　セキレイ科　タヒバリ属　L15cm　　　　　　　　　岡山市(4月)

　ヒバリという名にもかかわらず、セキレイ科の鳥である。近縁のタヒバリと同様に、空中囀りをする習性がヒバリを連想させるのであろう。

　近縁種に見られる棲み分けから、ムネアカタヒバリはタヒバリよりも北域で繁殖し、南域で越冬をする。長い距離の渡りを強いられるのはムネアカタヒバリの方が下位であることを示している。タヒバリの平均体長は16cmで、僅か10mmの違いが争いをも許さぬ壁となっている。

　春季のムネアカタヒバリは、顔から胸を赤褐色に染めて夏羽となる。肌色を連想させる色合いから、まるでファンデーションを施した婦人のような華やかな印象を受ける。その特異な色彩がこの種一番の魅力で、出合うと柔和な色合いの虜となる。タヒバリの夏羽はその色味がくすんでいて、ムネアカタヒバリの華やかさは感じない。いわゆるバフ色に近く、下面全体に滲むように広がっている。ただ、それがタヒバリには価値のある美しさでもある。

　ムネアカタヒバリは稀に越冬する個体がいる。掘り起こした農耕地や疎らに草の生えた荒地で、タヒバリの群れに寄り添うようにして採餌している。冬季のムネアカタヒバリは、背の淡い縦斑を確認することでタヒバリと分別できる。更に、似たような背模様の極稀なセジロタヒバリがいる。同定には三列風切羽からの初列風切羽の突出具合を観察する。セジロは三列が初列を覆い、ムネアカは初列が三列より突出する。見逃せば、又は遠い先のことだ。

オガワコマドリ

青髭のダンディズム

スズメ目　ヒタキ科　ノゴマ属　L15cm　　　　　　　　　西条市(3月)

　オガワコマドリが四国に出たと聞いて家内を連れ立ち、早朝からいそいそと出掛けた。瀬戸内海を一跨ぎ、瀬戸大橋は便利が良い。以前のオガワコマドリ初見体験も確かこの付近だった。その時は幼鳥だったか、♀だったかで、自慢の喉周りには色味がなかった。「今度は青い」と聞き、ならば是非にも合いたい「青髭の紳士」と思ってやってきました。

　オガワコマドリは大勢のギャラリーに怯むこともなく、農耕地脇の砂礫地を活発に動き回っていた。ノゴマ属に共通する長い脚部、時々立ち止まっては尾羽を持ち上げる特有の姿勢。胸を張って辺りを睥睨するような仕草、威勢も良さそう。腮（下嘴の基部）から喉にかけての青い羽毛は長く伸び始め、まるで青い髭を生やした親父さんのようです。ノゴマ（Siberian Rubythroat）の紅い喉をルビーに喩えたなら、オガワコマドリ（Bluethroat）のそれはサファイアでも好いのに、と想われるほど魅惑的な青い羽毛だ。

　和名のオガワコマドリは小川のほとりで繁殖でもするのか、と漠然と考えていたら、小川さんが日本で初めて採集したことに因んだそうです。

　目当ての♀に出合うと、彼は自慢の青い喉を膨らませ、声量たっぷりの情熱的なカンツォーネみたいなラブソングを披露して熱く求愛するだろうか。そんな空想をも抱かせる出で立ちだ。是非にも鑑賞させてもらいたいとは思うけれど、舞台が日本から遠く離れている。

ヒレンジャク

スズメ目　レンジャク科　レンジャク属　L17cm　　　　　　　　　倉敷市（2月）

　ヒレンジャクは冬季に群れを形成し、採餌場を巡る広範囲の移動をする。主な餌である液果（果肉のある種子）の出来に左右されるため、飛来する時期、場所ともに不規則だから、心待ちにしても当てにはならない。ただ、飛来すると数百、数千の大群にも出合う。クロガネモチやネズミモチの並木など、餌場近くの電線上に集い、群れは一気に膨れ上がる。電線中央は重みで垂れ下がり、文字通りの「連雀」と化し、道路は液果色の糞に染まる。先陣を切った個体が餌に向かうと、群れは滝のようになって続く。一斉に舞い上がると日差しを遮り、地鳴きは騒音ほど耳に堪え、見る者をも圧倒する。

　ある年の早春、大群が飛来して野球場外周の植え込みのピラカンサに集った。大きな球場を抱えた広大な環境には、熟したピラカンサの膨大な量の実が成り、球場に面した通りは真っ赤な実を付けたクロガネモチの並木だった。

　レンジャクの食欲は凄まじく、見る者を爽快な気分にさせるほど豪快に食べてゆく。しばらくは大丈夫、と思われた数日後にピラカンサは完食されて一粒の実も見当たらなかった。赤や黄色の華やかな実を失った植え込みのピラカンサは人には無残に映るかも知れないけれど、ピラカンサは歓喜している。恋い焦がれたヒレンジャクに託され、種子は希望の地で夢を咲かせるはずだ。

　傍の桃の木に歌舞伎役者顔の一羽がふわりと舞い降りた。節句時分の嬉しい出来事、歓喜の一枚。娘たちは中年に達し、孫といえば男子ばかりだが。

ツリスガラ

気紛れな飛来

スズメ目　ツリスガラ科　ツリスガラ属　L11cm　　　　　　　　岡山市(3月)

　ツリスガラは遊牧移動と呼ばれる不定期な渡りをするので、季節が訪れたからといっても当てにはならない。2〜3年続けて飛来するかと思えば5〜6年途絶え、出合いを待ち望むことが普通に起こる。珍しく、30羽ほどの群れが飛来してしばらく逗留(とうりゅう)したので、河川敷に広がるアシ原へ通い詰めた。

　ツリスガラは和名には珍しく種の生態が窺える呼び名で、それほどこの鳥の巣が特異で、更に出来栄えが見事だからだろう。現に近縁のアフリカツリスガラの巣は婦人用のポーチとして利用されたそうだ。

　枝先に吊り下げられた巣は、♂が植物の繊維などでフェルト状に編み、♀が内装を仕上げる。捕食者も近寄り難く、高い安全性が「両性複婚」という特異な繁殖形態を生んだとも考えられている。一夫多妻と一妻多夫が継時的に同時に起こる複雑さで、♂は第1巣の産卵直後に巣と♀を放棄し、別の♀のために新たな巣を作る。残された♀が抱卵、育雛をやり遂げる比率は3分の2で、残り3分の1の♀は一妻多夫で繁殖するという。中には♀の来ない巣を沢山作って終わる♂や繁殖期終盤には単独で抱卵、育雛する♂が現れるというから、人には知れぬ事情や苦労もあろう。越冬期のツリスガラは和気あいあいと過ごしているように想われる。微風に揺れるアシの穂先に掴まり、尖った嘴で鞘(さや)を突き壊してワタムシの幼虫を食べている。囀りよりも発達した"チー、チー"という地鳴きを駆使しながら。

ジュウイチ

托卵という習性

カッコウ目　カッコウ科　ジュウイチ属　L32㎝　　　　　　　鏡野町（5月）

　5月の陽光がブナの新緑を容赦なく通り抜け、狭い山間の谷間を薄黄緑色に染めている。時折、心地好い谷風が吹き抜ける。どこかでコルリが求愛の歌を繰り返している。林床を覆うササのあちこちからソウシチョウの競った鳴き声が聴こえる。一帯のウグイスやキビタキの減少が気に掛かる。

　突如、谷向かいの尾根近くでジュウイチが鳴き始めた。鳴くというより叫びに近く「喉から血を吐く」と心配されるほど張り上げた声で"ジューイチ、ジューイチ"と鳴き続けている。これほどの大声なら谷を下り、尾根を越えて八方へ轟き渡ることだろう。コルリが鳴き止んだ。ジュウイチも恋の季節だ。たとえ托卵相手が傍にいて、警戒心を煽ったとしても今は止められない。何事にも増して、恋の成就が優先事項だ。

　さて、想いが叶ったジュウイチ♀には托卵という大仕事が待ち構えている。NHKがその一部始終を放映したので、世間の記憶に新しい。托卵成功への獲得習性の一々が「悪魔の仕業」であるかの解説に乗せ。やれやれ、困ったものだ。筆舌に尽くし難いほどの非業の数々を僅か数千年ほどの間に遣り尽くし、取り返しの利かない自然破壊を今尚止めない人類のいえたことだろうか。

　生態系は複雑を極め、自然の摂理への理解はまだ浅い。解らないことを解らないという素直さに欠けている。ジュウイチに「慈悲心」の漢字名が残っている。習性の憐みを先人が思い遣ってのことであろう。

姿、体色がツミに似たジュウイチ成鳥　　　　　　　　　　　　　　鏡野町(5月)

仮親種(コルリ等)が見向きもしない毛虫を好むジュウイチ　　　　　鏡野町(5月)

フクロウ

鎮守の杜

フクロウ目　フクロウ科　フクロウ属　L50cm　　　　　　　　岡山市(5月)

　私が子供の頃、フクロウは不気味な存在であった。盆地の小さな城下町だったけれど、あちこちには社寺があり、フクロウの鳴く声がした。子供には闇夜の底で呻くような恐ろしさを伴って聞こえた。だから、昼間に話したり、まして探すなどは考えてもみないから、フクロウには都合が好かったろう。ゆうに数百年も経ったスギやヒノキの他にケヤキやエノキ、クスノキなどの大木がいずれの境内にも備わっていた。老木には営巣可能な洞があって、当時の人々は無暗に境内の木には手を出さなかったから、格好の営巣場所であった。近頃は事故を恐れて老木は早々に倒され、洞は樹木延命処置にと塞がれる。そのことがフクロウ存続最大の試練となってしまった。

　とある村外れに厳島大明神があり、絵に描いたような頗る立派な社寺林がある。参道を覆い隠す巨大なケヤキの幹には相応の洞がある。私が知った20年前よりずっと以前からフクロウが営巣する、と聞いている。洞は氏子の神木を守る気概のお蔭か、樹木の威容に恐れて斧を向けられないのか解らないけれど、今に残っている。フクロウには名家のお屋敷ほどの価値がある。

　そこのお坊ちゃんが、隣に聳える巨木の横枝に巣立ったと聞いて訪ねた。巣立ち直後のヒナは白い綿毛に包まれ、ぬいぐるみのようで実に愛くるしい。180度も頸を回し、覗き見た先には静観する親鳥がいた。木洩れ日に、観音像の如く輝いて見えた。「福来郎」とも解釈され、喜ばれる時代となった。

社寺林の一角、御神木の高みから雛を見守るフクロウの親鳥　　　　　　　岡山市(5月)

にわとり

早起き

キジ目キジ科ヤケイ属に分類されるセキショクヤケイを改良した家禽　　　　　（8月）

　知人が庭でチャボを飼った。たいそう可愛がって世話を怠らないので、たちまち殖え、早朝から競って鳴いた。辺りは疎らな住宅地だけれど、近くに数軒の住宅がある。ある朝、飼い始めた頃には「可愛らしいチャボ」と褒めた婦人が「可愛らしいけど……」と口籠もり、知人の耳に残った。

　知人は思案の挙げ句、散歩を装い早朝のチャボを確かめることを思い付いた。お供を命じられ、薄暗い内に飼い犬が起こされた。忠実な飼い犬は早速飛び起きて身支度をした。3度ばかり、ブル、ブル、ブル、と身震いを。その気配にチャボが目覚めて鳴き始めた。数羽が競って鳴く声に、思わず耳を塞いだという。まもなく、チャボはもらわれていった。

「伊勢物語」十四に陸奥の女が詠んだといわれる歌がある。

　夜も明けば　きつにはめなでくだかけの　まだきに鳴きてせなをやりつる

（早くに鳴いて、夫を発たせてしまった腐れ鳥め、夜が明けたら狐に食べさせてやるぞ）

　一夜を過ごした京の男が、夜の明けぬ間に去ったというので、女はかなり怒っている。

　人の都合を知ってか、知らずか、大気の澄んだ効率良い静寂な朝を好んで、鳥は囀る。

夏

子育て期間

アオバズク

青葉繁る頃

フクロウ目　フクロウ科　アオバズク属　L29cm　　　　　　　　岡山市(7月)

　アオバズクの名の由来を聞かれて「青葉が茂る頃に飛来するフクロウです」
と返答するほど清々しい心地のする種名はない。季節の薫る好い名かと思う。
　一般に、フクロウには木に止まる姿を表す国字の「梟」を充て、耳羽（羽
角）のあるフクロウ（ミミズク）には「木菟」を充てる。兎の長い耳を連想
するからであろう。しかし、アオバズクに耳羽はなく、シマフクロウにはあ
る。区分が曖昧なのはひとえに日本人の感性による。
　アオバズクがまだ身近な環境で観察可能なのは、フクロウよりずっと小さ
いから、その体に見合った洞なら伐採されずに辛うじて残ったからだ。フク
ロウが営巣可能な洞のあった老木、巨木は社寺林から殆ど消えた。多くは倒
木を危惧されたことによる伐採処理だ。今日では、切るに切れないしめ縄を
戴いた「御神木」だけがフクロウの拠り所となっている。
　私が案内を担当する後楽園探鳥会では、アオバズクが初夏から飛去する秋
までの主役で「お屋敷」と呼ぶに相応しい立派な「ムクロジ」の大木で子育
てをする。ムクロジは漢字表記で「無患子」と書き「患わない子」と読み解
ける。淡い緑色の花は秋に実り、黒い種子はお正月の「羽根突きの玉」に使
われた。羽根には、蚊を食べるトンボの翅に似て「病を避ける」という厄除
けの願いが込められている。フクロウは「福来郎」とも書け、嬉しい縁起が
揃う。だから、幼子を連れた婦人には記念撮影を勧める場合がある。

イソシギ

チドリ目　シギ科　イソシギ属　L20cm　　　　　　　岡山市(5月)

　一年を通して見られる小型のシギで、常に尾を上下に振りながら水辺で小さな昆虫などを啄んでいる。脇から肩に掛けて食い込むような白色部が同定の決め手となる。水面を低く飛翔する際には明瞭な白い翼帯が確認される。

　ある時、大きな水溜まりの乾き始めた水際に小さなハエのような昆虫が群れをなして何かを食べていた。車を近付けて双眼鏡で覗くとハエは更に小さなユスリカを捕食していた。しばらくする内に、何か大きな物体が近付く気配がしたので双眼鏡から眼を放した。すると、嘴を地面すれすれに身構えてハエに忍び寄るイソシギだった。群れの中から一点のターゲットに狙いを定めたイソシギは慌てて飛び立つハエには目もくれず、見事に獲物を捕らえた。誠に小さなハエと、ハエが咥えた更に小さなユスリカが同時に犠牲となった。獲物を咥えたイソシギは首を捻り、右目を上空に向けた。そうして身の安全を確認した後、無表情に獲物を呑み込んだ。私が煎餅1枚食べるほどの食糧がイソシギの胃に落ちた。イソシギは忙しく尾を振り、次の狩りに向かった。

　イソシギは食物連鎖の中ほどに位置する。だから、下位の無数といって構わない獲物を捕らえる間にも上位からの捕食圧に怯えている。煎餅1枚ほどの食に有り付くにも命懸けなのだ。全神経を集中させなければ狩りは叶わず、捕食者はそこに発生する隙を見逃さない。

　自然を生き抜く厳しさ、難しさを垣間見せたイソシギの懸命な狩りだった。

オオルリ　　　　　　　　　美しいという事

スズメ目　ヒタキ科　オオルリ属　L16cm　　　　　　　　　鏡野町(5月)

　思い切っていうと、実は「オオルリが世界一美しい小鳥」と思っている。海外には出掛けないから見るはずもないし、約1万種の鳥も思い浮かべられないけれど、図鑑やテレビ番組を通じて世界には様々な美しさの野鳥が存在する、と承知している。名高いケツァールやコトドリには溜め息が漏れ、カザリドリ科やマイコドリ科の華やかな羽衣にも目を奪われる。それでも私は「オオルリが一番美しい」と思う。そのことは他人には何の意味もない、唯の個人の好みであるけれど、戯れにいってみたい理由はある。

　オオルリは、渓流の爽やかなせせらぎが伝わる崖面の乾いた苔の巣に生を受ける。樹冠から届く♂親の囀りに安らぎを覚え、♀親の呟くような囀りを子守唄代わりに過ごす。樹上生活で得た成虫で育ち、採食のために地を這うことはない。巣立ち後、季節限定の薄青い羽織を纏うのは少年の証。秋には独り、冒険の渡りを敢行する。翌々春には成熟して、青い正装を纏う。頭上にはコバルトブルーの冠が輝き、羽衣は青空と白雲を模して爽やか。漆黒の眼と嘴の精悍さが勇ましい。樹冠に立ち、天を衝いて高らかに歌う。その恋歌は朗々として、バリエーションの多い繊細な旋律に心の奪われぬ者もない。シルエットの美しさは、嘴、頭部、体部、尾、脚部、の絶妙なバランスが形作る。種の動向を静観する♀の控えめな容姿は気品と自信に満ちている。「オオルリの生涯は美の極致」と吹聴するのは私だけだろうな、たぶん。

キビタキ

木洩れ日の化身

スズメ目　ヒタキ科　キビタキ属　L14cm　　　　　　　　　鏡野町(5月)

　キビタキは野鳥図鑑の表紙を飾る頻度において、オオルリと互角の人気を誇っている。共にスズメ目ヒタキ科を代表する美しい日本産の小鳥で、奇しくも同じ越冬地の東南アジアから繁殖のために日本に帰ってくる、いわゆる夏鳥である。キビタキを語る時、オオルリとの比較が私には欠かせない。

　樹冠で囀るオオルリの容姿は青天と白雲を連想させ、林間で囀るキビタキの容姿はまるで木洩れ日の化身のようだ。オオルリの長くバリエーションの多い文字表記の不可能な囀りは「朗々とした囀り」と表現され、キビタキの複雑で長い変化に富んだ柔らかな恋歌は「甘美な囀り」といわれる。

　形好いプロポーションに美しい羽衣を纏った華麗な姿と絶品の歌声に魅了されぬ者はいない。2種は比較的個体数も多く、同じ山野で出合うことも稀でないから、視覚、聴覚の双方から刺激を受けて自然観察の醍醐味に浸れる。

　英名（Narcissus Flycatcher）から水仙を想起させられる。更に「水に映った自身の姿に恋して水中に身を投げた美少年ナルキッソスが、後に水仙の花に化した」というギリシャ神話に連想され、遂にはナルシシズム（自己愛）に行き着く。そうなれば、美の極致は危うさまでも引き寄せることなる。

　そんな陶酔して囀る♂を木陰から♀が見つめている。何一つ飾り気のない容姿の冷静沈着な♀が鋭い審美眼を駆使しながら思考を重ねる。一夏を共に過ごせる相手なのかどうか。

アネハヅル

ヒマラヤ越え

ツル目　ツル科　アネハヅル属　L95cm　　　　　　　　　八頭町(7月)

　イギリスＢＢＣ制作番組「アース」のヒマラヤ越えをするアネハヅルのシーンには感動した。その鳥が繁殖地で見られるような山陰の夏の草地に降りた。「願えば叶う」ということか、まだ若い個体だったけれど幸運だった。

　アネハヅルのヒマラヤ越えには、頑強な翼と勇気が要る。人の登山と同じで、撤退の決断も勇気の内だ。番組でも撤退する姿が捉えられていた。難しい状況での瞬時の判断だから、経験に裏打ちされた者だけに託される。群れの最も非力な個体の能力をリーダーは常に把握している。ヒマラヤ山脈は高度8000ｍなので、空気は冷たく気圧は低いから空気密度が下がる。だから、一度の呼吸で得られる酸素量は極めて少ない。その悪条件を、アネハヅルは気囊と呼ばれる組織によって克服する。燃焼効率の悪い冷たい空気は、気囊で温められた後に肺に送られる。鳥類の肺はふいごと同じ一方向なので、常に酸素で満たされる。ヒマラヤ越えには欠かせぬ機能だ。地球環境に起きた低酸素時代を克服するために鳥類の祖先は気囊を、人類の祖先は横隔膜を獲得したと考えられている。その、低酸素時代よりもヒマラヤ山頂付近の環境は劣悪なので、横隔膜での対応は難しい。だから、人は酸素ボンベに頼る。その遥か上空をアネハヅルが越えていく。

　地球史上最大の山脈が誕生して5000万年だといわれるから、どれほど多くのアネハヅルがヒマラヤを越えたことだろうか。

キジバト

ハト目　ハト科　キジバト属　L33cm　　　　　　　　　　倉敷市（4月）

　公園のベンチで休んでいると、いつの間にか足元にまで近寄って何かを啄んでいる。私の子供の頃、キジバトは人を恐れて近付かなかった。野鳩とか山鳩と呼び、見掛けると「まずは食べる」を連想したものだから、キジバトも勘付いて逃げた。「一石二鳥」が日常会話の中で普通に使われる時代だった。時が過ぎ、食糧事情が変わり、野鳥は観察して楽しむ対象となった。その間、半世紀を要したことになる。

　メーテルリンク作『青い鳥』の兄妹が幸せの青い鳥を探し求め、話の仕舞いにはそれが身近にいるキジバトだと気付く。1908年の発表だから、子供の悪意にも勘付いて逃げた我々のキジバトの更に半世紀前の夢物語だった。遅ればせながらも穏やかなキジバトが現れ、それで初めて話の現実の理解というものができる。「焼こうか、それとも」等という脳裏に文学は馴染まない。

　頭部の握りに鳩の飾りをあしらった杖で、鳩杖と呼ぶものがある。祖国に多大な貢献のあった人物の長寿を祝福し、宮中にて賜る。種子食で比較的大きなキジバトは大概の種子なら難なく呑み込む。鳥類の食道と気管は別々なので物が喉に詰まってむせることもないけれど、老人には気を配りたい事案だから「縁起」にという訳だ。鳩の体に武器らしいものは見当たらないし、いかにも柔和そうな容姿と相まって「穏やかで健やかな余生を送って欲しい」と願う気持ちの表れなのであろう。

カッコウ

高原の風

カッコウ目　カッコウ科　カッコウ属　L35cm　　　　　　　　奥津町（6月）

　カッコウは高原の夏鳥のイメージが拭えず、秋に公園の桜木で毛虫を啄むのを間近にしても物足りない気がする。時には、鳴かないからカッコウであることすら怪しくなる。だから、是非とも、という気で初夏の高原に通った。

　近場の高原は中国山地の南山麓で、恩原湖周辺にカッコウは多い。湖畔は灌木（かんぼく）交じりの草地で、托卵相手のモズの繁殖地だ。早朝出立、道中2時間半。青空に両手を伸ばし、初夏の高原の風を浴びる。湖畔はカッコウが飛び交い、灌木の樹冠で喉を膨らませ"カッコウ、カッコウ"と大きな声で鳴き続ける。モズが枝先で"ギチ、ギチ、ギチ"と激しく鳴きたてて警戒を強めている。時折、強い風が吹き抜け、モズを枝ごと揺する。

　次に訪れた時、湖畔の白樺林に気付いた。白樺は高原の樹木で「日本では福井県を西端、静岡県を南端」との記述から、或いは植林なのかとも思う。

　取り合わせの好い喩えに、「梅に鶯（うぐいす）、柳に燕（つばめ）、竹に雀、波に千鳥、松に鶴」などがある。「白樺に郭公」は現代風な構図、末席に加えたい。

　カッコウの声を乗せ、高原を吹き渡る初夏の風は心地好い。3度訪れ、写真も撮れた。その浮いた私の気持ちを咎（とが）めるように、モズが頻りに鳴いている。

　托卵最中のカッコウをモズが襲い、二回りも大きな相手を殺した衝撃の写真を撮った人がいる。そのモズも仮親としてカッコウの存続に貢献する。

　初夏の風情と浮かれる傍に、壮絶で不可解な自然の攻防がある。

オバシギ

チドリ目　シギ科　オバシギ属　L28cm　　　　　　　　　倉敷市（8月）

　夏が終わりを告げる頃、北極圏で繁殖を済ませたオバシギが越冬地へ向けた渡り途中に飛来する。広大な干潟では数百を超える大群も見られる種だけれど、近場では河口の砂泥地に10羽ほどの小さな群れであることが多い。

　中型の体躯の割には短い脚で、浅瀬を活発に動き回って採餌する。冬羽となった秋には、上面が一様に灰褐色で地味な感じがする。幼鳥の羽衣もモノトーンの配色だが、白い羽縁が目立ち爽やかな感じがする。驚かさなければ観察し易いシギでもある。群れには稀にコオバシギが混じる。種名通りの小振りで、嘴も少し短い。白い羽縁の外側の黒線が同定の決め手となる。

　ある時、干拓地に点在する水辺に若いオバシギが舞い降りた。初めての長旅に疲れたのか、採餌もせずに水辺の中ほどで休んでいた。水辺上空には沢山の赤トンボが浮かんでいた。その内、一匹の赤トンボがオバシギに接近して、石にでも見立てたのか、背中に止ろうと試みた。オバシギは赤トンボに気付いて眼で追った。赤トンボは気配を察知したか、あるいはオバシギの微細な動きを嫌ったかで、迷った挙げ句に嘴先端を選択した。赤トンボが着地すると同時にオバシギが僅かに嘴を振って拒絶した。嘴先端は餌を捕らえる、だから焦点の鋭く合う、休息時に止まられると煩い箇所なのだ。「背中は構わないけど、そこは駄目」と伝えたかったであろう。だから、オバシギ後方の赤くぼやけたのが、この方も一休みしたいはずの赤トンボである。

セッカ

一夫多妻

スズメ目　セッカ科　セッカ属　L13cm　　　　　　　　　　　岡山市(1月)

　セッカは小さくて地味な野鳥だけど、春から夏の間にはアシ原や草むらの上を印象深い声で鳴きながら飛び回るので、すぐにそれと解る。

　広い環境のどこかに潜む♀にも届く澄んだ声で"ヒッ、ヒッ、ヒッ……"とリズム良く刻んで上昇しながら鳴く。飛翔が頂点に達すると"チャッカ、チャッカ、チャッカ……"と鳴き方を変えて降りてくる。何度も繰り返し、気が済むまで止めないから、捕食者に狙われ易かろうと要らぬ心配までする。♂はその囀りの合間に、なわばり内に求愛巣を作っては♀を誘う。

　セッカは名立ての一夫多妻で、10羽の♀を抱える猛者もいる。繁殖期は4月から9月中旬までと長い。求愛のための巣は外装までで、♀を誘い交尾をした後の内装、抱卵、育雛は全て♀に委ねる。遅く番う下位♀の巣はなわばり中心から外れ、なわばり♂の恩恵も監視も薄れる。若い♂の徘徊する危うい環境で、一妻多夫的に配偶して上位獲得の機会を窺う♀もいるといわれる。

　セッカの漢字名には「雪下」や「雪加」を充てている。「雪加」の字面は殊の外美しく、一度で見覚えるけれど降雪の季節や環境には棲まない。セッカの名の由来も曖昧なので、漢字を物色した者が「どうせなら」と、雪化粧を施したかも知れない。全ての鳥名に道理がなくてはならない、というほどのことでもなかろうと思うし、情緒的な処理にどこからも苦情が出ないのは我が国の美風ではないだろうか。

カワウ

魚食は天命

カツオドリ目　ウ科　ウ属　L82cm　　　　　　　　　　岡山市(10月)

　現代の日本において、人の営みに最も翻弄され続けている野鳥がカワウだ
ろう。カワウの魚食は、謂わば「天命」です。魚を食べなければ生きてはい
けない。そのカワウが魚食を理由に駆除される。カワウにはいかにも理不尽
な話であろう。だが、しかし、人（Homo sapiens）は生態系の遥か上位に君
臨する「唯我独尊」という生物なので、人が駄目だといったら罷り通る。

　カワウが叱られて追い払われるのは、川魚の女王アユを食べるから。雑魚
なら許す心算なのに「カワウが聞き分けないから仕方がない」のが理屈だ。

　他の鳥や肉食魚もアユを好み、稚魚放流直後には堰に陣取ってコサギ、ダ
イサギ、アオサギ、ササゴイなどが上から狙い、水飛沫が立つほどブラック
バスが群がってくる。その責めをカワウが一身に背負っている。

　魚食に特化したカワウは、効率良い泳ぎを獲得するために撥水機能を抑え
ている。だから、時々陸に上がって羽を乾かす。ずぶ濡れの羽は体温を奪う
し、泳ぎの機能も劣る。水掻きは４本の足指の間に３枚備わっている。なの
で、２枚のカモよりも上手く泳ぐけれど、水掻きが邪魔で歩行はぎこちない。

　将来を見据えて食性を変えろ、といわれても特化した体には無理がある。人
には今少し、鷹揚な心持ちになってはもらえないだろうか。

　悲しみを湛えたカワウの美しいエメラルド色の眼から、今にも大粒の涙が
零れ落ちそうです。生態系が崩れ、人が泣く羽目にならなければ良いが。

アカショウビン

雨 後

ブッポウソウ目　カワセミ科　アカショウビン属　L27cm　　　　　　　八頭町(6月)

　ブナの森は優しさに満ちている。枝葉が上空を塞いでも、初夏の陽光は止められない。若葉をフィルター代わりに通り抜け、全てを薄緑一色に染める。人も染まり、心地好さが体に沁みる。雨上がりの、湿気を含んだ爽やかな風が身体を撫でて吹き抜ける。街のストレスが滲みた粘い汗が拭われ、疲れた体が次第に回復するのを感じる。

　アカショウビンとの初めての出合いも雨後のブナ林だった。"キョロロロロロ……"と、震えるような尻下がりの鳴き声が聞こえ、赤い矢のような印象を残して間近を通り抜けた。更に、もう一羽が追尾するように通り過ぎた。はやる気持ちを抑えながらも、足早に飛び去った方向に進むと、沢に突き出た横枝に並んでいた。登山道脇に望遠鏡を据え、心行くまで観察した。登山者にも勧めた。お裾分けの心算でも、山頂に立つほどの感激はないようだった。

　アカショウビンは奥深い谷間を好み、朽ちた老木に穴を掘るか、キツツキの古巣などに営巣する。その番は、以前にブッポウソウやゴジュウカラも使った由緒ある洞を視察に現れた。近くの横枝から窺い、度々穴の中を覗いた。それから枝に戻り、遠くをじっと眺める。枝を移り、辺りを見渡し、また戻って遠くを見遣る。それらは♀の動向で、育雛の日々に想いを馳せ、きっと未来を眺めている。♂は♀の気配を察知しつつも現実を見る。雨後の沢は増水し、求愛給餌のカエル確保も難しい。狩りなら今だが、どうしたものか。

再び**アカショウビン**

ブッポウソウ目　カワセミ科　アカショウビン属　L27cm　　　　　　江府町(7月)

　動物には種が選択した食性がある。食不足は争いの元だから、色々な物を食べ分ける方が良い。だからゲテモノと呼ぶ、いわゆる「悪食」は延いては動物界繁栄に貢献するのに、非難のニュアンスが色濃いのは人が飽食の挙げ句、道楽に食べるからだ。人類が食物不足に陥れば「悪食」はすぐ死語となる。野生は分を弁えて食べ、悪食などないが簡便だから副題に使う。「斯様_{かよう}に人は勝手な者だから」と、常に肝に銘じて野生には向き合っている。

　ある時期、アカショウビンの多様な餌に興味を抱き、他人の観察まで聞き及んだ。日頃の食生活は窺えないから、繁殖期の求愛時に♀に贈る餌か、育雛期に親鳥が持ち帰る餌である。カエル、トカゲ、セミは多く、オタマジャクシ、ミミズ、サワガニ、魚類、昆虫、カタツムリ、小鳥のヒナと幅広く、稀にはヒミズ、ジムグリ、ヘビも献立に加わる。巣立ち前の食欲は旺盛で、大きなヤマアカガエルなども瞬時に穴へ消える。長大な嘴で一気に咥え込むのだろう。そんな折、その夏最大の獲物を持ち帰った。三角頭に細い首、胴太で銭型模様の斑紋がある。間違いなくマムシだと知れた。親鳥は横枝に打ち付けた。何度も、何度も。頭部はグチャ、グチャで毒牙は砕け、毒腺は破れ散る。生命力絶大なマムシは尚も腰に巻き付く。嘴で扱き、息の根を止め、穴へ差し込んだ。マムシが半分ぶら下がって停止した。ヒナが消化を待っている。あの美しい火の鳥の、何気ない食事風景の一コマです。

クロハゲワシ

巨大なワシ

タカ目　タカ科　クロハゲワシ属　L100〜110cm　　　　　　　　松江市（6月）

　以前、山陰に鳥見に出掛けた折に遥か上空を飛翔するのを確認した時には比較する物体もなくて、その大きさは実感できなかった。それでも羽ばたきすることのない黒く異様な鳥形が雲間に消えていく僅かの間に、オジロワシやオオワシ、あるいはイヌワシのそれと紛うことのないクロハゲワシの鮮烈な印象を受けて、しばらくは脳裏から消えなかった。

　それから15年が過ぎた今冬（2017年11月）に九州の農道に佇む若い個体の写真が話題に挙がり、更に佐渡島飛来（2017年12月）との情報も聞いたけれど、私には遠過ぎて出合いを期待することもなかった。ところが季節外れの5月下旬、松江市内に飛来という話題が新聞紙上に載って、近郊の山頂で確認という情報が鳥好きに拡散した。6月初旬、私はコルリ、ジュウイチを探し求めて山で遊んでいた。既に近くにいる。「明日は行こう」にわかに思い立った。ただひたすら、飛来を願って2日目の10時半頃。北空の一角に黒い一点を確認してから、翼開長3mにも及ぶかと思われる巨鳥の全貌が眼前に繰り広げられるまで1分と掛からなかった。迫り来るスピード感と巨体が繰り出す迫力は想像を超えている。これが日本で見られる最大の猛禽なのか、と恐れ入った。まだ若い、幼鳥に分別される個体なので頭には黒い羽毛が生え、嘴基部の薄青色とピンク色部には穢れを知らない美しさが残っている。空腹が癒えて体力が回復したら「早くお帰り」と思わず呟く可愛さも感じられた。

カラシラサギ

ペリカン目　サギ科　コサギ属　L65cm　　　　　　　　観音寺市（6月）

　漢字名の「唐白鷺」から、中国大陸より飛来するシラサギだと知れる。現在では中国南東部沿岸と朝鮮半島北西部沿岸でのみ繁殖し、生息数3000羽とも推定される世界的希少種となっている。19世紀にカラシラサギの美しい羽毛が羽飾りとして流行り、乱獲されたことが今日の絶滅危惧を招いた要因とも考えられている。何とも残念な話です。

　通常なら６月は繁殖地にいて何かと忙しい日々だと思うけれど、どの都合か「今は四国の小さな浜辺にいる」と聞き、喜んで出掛けた。コサギの２本とは違って房状になった冠羽を風になびかせ、右へ左へと飛び回っての狩りが始まった。しばらくは小石と砂利の混じる走り難そうな浅瀬で小魚の群れを追い、誠に小さな獲物２匹。群れを追う難しさと運動量に見合わない獲物に嫌気が差したのか、一飛びして砂浜に狩りの場を変えた。水面下の獲物は大きい。陽光と波が魚影を遮るのか、体を伏せて左45度に構えて忍び足で距離を詰める。長い頸と脚部は畳んでいる。狩りの瞬時に両方を一気に伸ばし、まだ、まだ、と警戒を強めないままの魚を捕獲する作戦のようだ。浅瀬の狩りと違い、じっくりと時間を掛けて間を詰め、そして機が熟した。魚目指し、頭がすっぽり水面下に没して水飛沫が辺りに散った。その刹那、20cmほどの魚はカラシラサギの体よりも高く宙を舞って難を逃れた。カラシラサギは身を起こし、首を振って水を切った。冠羽が揺れ、溜め息を吐いたようだった。

73

オオヨシキリ

行々子

スズメ目　ヨシキリ科　ヨシキリ属　L18cm　　　　　　　　岡山市(6月)

　縄張りのアシ原を見渡すアカメガシワの枝先で、早朝からオオヨシキリが
"ギョギョシ、ギョギョシ、ギョギョギョ"とけたたましく囀り続けている。
夏の土用の頃に突如として鳴き止むまで、雨の日も最盛期には夜通し鳴く。初
期は遅れて飛来する♀の獲得を目指し、やがて縄張り主張を目的に囀る。そ
のあまりにも鮮烈な鳴き声の印象から「行々子」の別称でも呼ばれる。じっ
としていても汗の吹き出す日本の真夏。強い陽射しに挑むかのようなオオヨ
シキリの鳴き様は、草地のキリギリスと共に夏の風情でもある。

　一夫多妻のオオヨシキリには2～3羽の♀がいて、条件が調えば2回目の繁
殖を試みる。番形成期には♀が求愛給餌をねだり、孵化後にはヒナへの給餌
にも加わる。巣立ち後も2週間ほど養った後に独立させる習性なので、人気
の♂は大変忙しい。ある調査では5羽の♀を抱える縄張り♂が確認された。勝
手な心配をしたら「♀同士は互いに排他的ではなく、行動範囲を重ね合わせ
て共存する」の記載があり、♀も心得ている。

　♂の活力にも限界があるのか「3番目以降に獲得した♀の子育てや6月下
旬以降に産卵した♀にはかかわらず、繁殖末期には♂が次々と姿を消す」とあ
る。我が子を想う一心なのか「♀は子育て放棄をしない。給餌回数を増やし、
餓死させることなく、単独で育て上げる」とは見上げたものだ。世の男性諸
君、よほどの覚悟がなければ「羨ましい」などの軽口を叩いてはならない。

アカゲラ

キツツキ目　キツツキ科　アカゲラ属　L24cm　　　　　　　　大山町(6月)

　求愛や縄張り主張のためにキツツキが樹幹を打つ音は大気を裂き、谷間を渡り、尾根を越えて森に響き渡る。恋が成就すれば、営巣のために穴を穿つ。また、採餌のために樹木の内側の状況を調べ、虫を捕り出すにも木を打つ。キツツキの重要な日常行為に木を打つ行動は付き纏う。したがって、この種の生物を「キツツキ」と呼ぶのは、的を射た、端的で解り易い、好い命名と思う。私なども指物を生業にして日々を凌いだので、キツツキに分類されても良いかと思っている。小商いであったから、差し詰めコゲラ亜種とでもいったところだろうか。

　アカゲラが足指を四方に広げて木肌を掴み、首をかざし、思い切り木を叩いている。朽ちた木の乾いた音ではなく、生木の鈍い音がする。見ている方が首を竦めたくなる光景だ。人なら、難なく脳挫傷に至るほどの衝撃である。それほどのパワーを込めた作業を尾羽が支えている。

　キツツキの尾羽は先端までの長く頑丈な羽軸でできており、バネのような柔軟さも兼ね備えている。丈夫なことでは無類と思える嘴にも見劣りしない。驚異の正確さと速度で木を穿つ、その能力を嘴と尾羽が対で発揮させている。

　その反面、飛翔時の方向をつかさどる舵の機能は低いのか、目指す方向へ一直線な飛行を見る。猛禽に追われると、攻撃を交わし難いのかと心配する。大きな利を獲得する過程で、失うものがあるのだろうと感慨深い。

サンコウチョウ

森の幻想

スズメ目　カササギヒタキ科　サンコウチョウ属　L♂45cm♀17cm　　　　岡山市(7月)

　私はサンコウチョウという野鳥が日本の森で子育てをするために遥か南の地から毎春飛来してくれることを喜び、感謝している。また、いつまでも続いて欲しいと切に願っている。もし、貴方が鳥見を趣味に加えることに迷いがあるなら、サンコウチョウだけには出合ってから決断すると好い。

　サンコウチョウは異様な形態をし、特異な声で鳴く、いかにも南国的な魅惑を秘めた小鳥だと思う。とりわけ、♂の長い尾を震わせながら奇妙なリズムで"フィチーヒィーチィー、フィチーヒーチィー、ホィホィホィ"と囀る姿には魅了される。初めの長い音が"月、日、星"と聞こえ、三つの光を歌う鳥ということで「三光鳥」という名前になった、と『日本野鳥大鑑・鳴き声333下』に記載されている。まるで、天使の囁きのようである。

　また、♂は鞍馬天狗（懐かしいヒーローです）のような頭部と、暗い林でも怪しい輝きを放つ青いアイリングの装いだから、現実を疑うほどの驚きに嬉しさの伴う感激があるはずだ。

　サンコウチョウは英名では "Japanese Paradise Flycatcher" と呼ばれている。「日本の極楽ヒタキ」ほどの意味かと思えば、何だかとても嬉しい。

　一見、黒くみえる体羽は光を受けると紫褐色に輝く。木洩れ日を浴びるサンコウチョウに出合って、溜め息の漏れぬ者はいないだろう。

子育て中の雛に餌を持ち帰った、サンコウチョウ♂親　　　　　　　岡山市(7月)

ツバメ

夏
ツバメ

スズメ目　ツバメ科　ツバメ属　L17cm　　　　　　　　　　　　　　岡山市(6月)

　ツバメほど人に寄り添う習性の野鳥は珍しい。また、ツバメほど人が受け入れた野鳥も珍しい。ツバメは人の住居の玄関先や時には屋内まで侵入して営巣する。孵化したヒナは糞をその場にまき散らすけれど、人が始末する。昆虫食のツバメが稲作での害虫を食べるからで、ツバメが稲田の上空を曇天時などでは低く行き交うように飛んで採餌するから、人の印象も好かろう。スズメも繁殖期には大量の虫を捕って子育てをする。なにしろ、スズメの数は膨大だから、その貢献も相当のはずなのに人には嫌われる。秋の実りにも手を出すからで、人は春の貢献から秋の搾取を差し引いたりしてくれないから、屋根の隙間などに忍んで営巣し、糞は親が持ち出して始末する。時代が移り、建物にはツバメやスズメが寄り添うスペースも見受けられず、表と裏で2種の野鳥が子育した木造家屋は今や絶滅寸前だ。

　多くの夏鳥は繁殖地へ飛来すると、縄張り確保や番形成の後に繁殖のための巣作りをする。競争相手のあることだから手間取ることも多い。限られた期間の内に秋の渡りにも備える必要から、一夏一繁殖で終わる番が多い。ところがツバメは採餌場の備わった営巣場所に帰ってくる。運が良ければ昨年使った巣に番相手が戻ってくるので無駄な時間が省かれる。なので、多くは2度目の繁殖を試みる。ただ、巣の主である♀は何かの心積もりがあって、相手を替える。2度の渡りは過酷なので、保険というより種の意向であろう。

ホオジロ

スズメ目　ホオジロ科　ホオジロ属　L17cm　　　　　　　　米原市(7月)

　頬が白いのでホオジロと呼ぶ。実に明快で清々しいほどの命名だといえる。眼を前後に貫く黒線が過眼線で、下嘴から首方に下がる黒線を顎線と呼び、その２本に囲まれた部位が頬で、呼び名の如く白い。他にホオジロが付く種名はホオジロガモとホオジロハクセキレイだけである。そのホオジロガモも頬と呼ぶには前方過ぎて、嘴基部だし、ホオジロハクセキレイの場合は白い顔の一部になっている。だから真っ当な頬白はホオジロだけである。

　日本には古くから飼鳥の伝統があり、ウグイス、コマドリ、ホオジロなどの鳴声が好まれた。複雑な鳥の囀りは、聞きなし（人の言葉に置き換える）の方法で記憶された。ホオジロの「一筆啓上仕り候」は、古の男性が手紙を書く冒頭に認めた言葉で、後の「拝啓」の意。また「源平つつじ白つつじ」も知られているが、あまりにも時代が過ぎ、今では馴染まない言葉となった。近頃、「札幌ラーメン味噌ラーメン」の聞きなしを知った。ホオジロは北風の吹く早春にも囀る。寒い折に聴けば、きっと、赤い暖簾を潜りたくなる。

　ある研究者の見解です「若くて元気の良いホオジロ♂の囀りは真上に向かって発信され、安定した番相手のある♂の囀りは前に向かって発信される」囀りの届く範囲の違いに、それぞれ違う思惑があるのでしょうか。

　私が伊吹山で撮った写真の♂の場合は微妙で、「次第に前方へと偏る、諦めにも似た妥協姿勢が窺われる」といえば、非難は私に向くだろうか。

エリマキシギ

悲しきエリナシシギ

チドリ目　シギ科　エリマキシギ属　L♂28cm♀22cm　　　　岡山市(8月)

　種名からも窺われるように、繁殖期の♂が求愛のために襟巻き風の美しい飾り羽で装うシギだ。ただ、その襟巻きは日本では殆ど見られない。

　飾り羽には、淡色系から濃色系までの幾つかのタイプに分別されるほど変異が多く、その多様さが観る者をも魅了するのであろう。

　繁殖地でのエリマキシギ♂は、レックと呼ばれる集団求愛場に集まり、ディスプレイを競って♀を獲得する。「踊り場（コート）は♂の縄張りで、中心で防衛している。♀が訪れて縄張り主と交尾する」というのが建前である。しかし、レックには多様な羽衣の取り巻きが集まり、各々の役割分担だけには留まらず、強かな思惑をも秘めている。♀は受精を済ませると、造巣、産卵、抱卵、育雛までの全ての世話をする。複雑な配偶システムを選択したエリマキシギに、♀の気紛れを留まらせるほどの束縛もない。近年、研究者によって、♀に似た羽衣の♂の存在が報告されている。その「偽♂」とも「第3の♂」とも揶揄される個体は、♂同士の争いには巻き込まれず、むしろその隙を突いて子孫を残す、といわれる。正々堂々と競っている者からすれば「何とも困った奴」であろう。ただ、受け入れる♀は承知しているはずだ。

　エリマキシギが真夏のある日、蓮田に飛来し、もしや、と期待して訪れた。襟の飾り羽はなく、羽衣の状況から♀であろうと思った。しかし、待てよ、♀にしては大き過ぎはしないか？　もしや「第3の♂」かも……。

カルガモ

夏がも

カモ目　カモ科　マガモ属　L61cm　　　　　　　　　　　倉敷市(6月)

　カルガモは年中見られる唯一のカモで留鳥に分類される。したがって、夏
にも普通に見られるから、古くには「なつがも」の異名も残っている。
　一般に、カモ目に属する大型種のハクチョウやガン類は雌雄同色で、中型
種のツクシガモ類には多少の違いがあり、小型種のカモ類は著しく異なる。
　性別によって形質が異なる現象を「性的二型」という。鳥類の多くでは♀
が♂を選択するフェメールチョイスの世界だから、選ばれる側の♂が飾る。一
方、番の絆が強い大型種ほど飾らない。飾るにも相応のエネルギーを要し、生
体には負担で、投資である。投資目的は新たな恋の獲得で、成就には時間を
費やす。深い絆は時間の浪費を避け、子孫繁栄に向けて励める。となれば、多
少の違いを有するツクシガモは微妙である。進むべきは「絆の道」か、あるる
いは「恋の道」か、長い年月を悩み、道半ばに茫然と「立ち尽くし鴨」か。
　春秋の渡りの負担が消えたカルガモは、更に堅い絆を求め、カモ類には珍
しく「性的二型」も脱ぎ捨てた。願わくば、狩猟鳥リストからも外れたいが、
今少しの我慢か。世間へのアピールなら都会に限る。勇気あるお母さんが、大
手町の大通りを子沢山で闊歩して世間を驚かせた。ヒナの可愛さは無類で、あ
る時、家内がレンカク撮影から帰宅してビデオを見せた。アシの水際で休む
レンカクの前をカルガモが過ぎり、水草を掻き分けて七羽のヒナが続いた。ビ
デオはヒナを追い、被写体が再びレンカクに戻ることはなかった。

オオコノハズク

眠る夜の覇者

フクロウ目　フクロウ科　コノハズク属　L25cm　　　　　　　　　　八頭町(6月)

　とある管理された森林公園内で、巣箱掛けによるオオコノハズク増殖への取り組みが成果を上げている。

　鳥類との関わりが研究であったり、趣味であったり、と立場が違えば色々な見識や言い分があるのも当然であるけれど、この稀有で、誰もが出合ってみたい魅惑のフクロウを容易に観察できたり、個体数を増やしている現実は素直に喜びたい。意見だけをする者の何倍もの努力と、信念がなければ結果は伴わなかったであろう。オオコノハズクも、人の都合ばかりを受け入れて姿を晒すような生き物ではない。得るものが生じて、妥協点を見出したのである。また、無理が高じれば、森の奥深くへ迷わず引っ越すであろう。願わくは、野鳥に関わる人々が人と鳥が穏やかに接するためのコンセンサスを形成する努力を惜しまないことである。

　ある年の初夏、オオコノハズクとの出合いを望み、ブナの森を訪れた。時折、にわか雨が激しく降る天候であったが、雨が止むと晴れ渡りブナの林床にも木洩れ日が差した。大木の幹に寄り添うような形で横枝に止まって眠っていた。頭上は幾重ものブナの若葉だから、大概の雨も凌げるであろう。

　夜行性のオオコノハズクは当然の如くに眠っている。強い風に煽られて体勢が崩れても、薄眼を開けて立て直し、再び眠って微動だにしない。フクロウ類が眠る姿には、人をも穏やかにさせる不思議さが宿っている。

キョウジョシギ

京女鷸という漢字名

チドリ目　シギ科　キョウジョシギ属　L22cm　　　　　　　　倉敷市(6月)

　キョウジョシギは古い文献に「京女鷸という、是れ美色によるか」「羽色が京女のように美しいから」などの記述があり、京女は今日のパリジェンヌみたいな呼び名だから、思い切った鳥名といえる。いつの時代も都会の美しい女性は羨望の的なのだ。ただ、その情緒的な呼び名を付ける手法はいかにも日本的で、遊び心まで感じられる反面、生態を知る手掛かりすら得られない。

　英名は "Ruddy Turnstone" で、遥かに解り易い。この鳥は「赤みを帯びた、石を返す習性の鳥」だから。キョウジョシギは世界中の海岸域に分布する。各民族がこの鳥のどこに惹かれ、どのように呼ぶのか、興味は尽きない。

　『図説日本鳥名由来辞典』文中、容姿の記載一部に「夏羽は頭頂に黒い縦斑があり、顔は白く、額から眼下部を通る黒条、嘴基部からの黒条、後頸からの黒条が合一して胸の大黒条に連絡する……」と、キョウジョシギの顔周辺の模様を記している。顔を飾る模様なら、常軌を逸している。異様で鬼気迫るけれど美しい。キョウジョシギには「狂女鷸」という当て字が残っている。女が狂っているのではなく、そんな女に出会えば男は狂う、ということではないだろうか。あるいは、その過激な妖艶さ故に、男は非日常の世界に女を住ませるのだろうか。

　海辺を散策して、群舞するキョウジョシギの背、翼、腰の明瞭な白い模様が織りなす妖しさを目の当たりにすれば、誰もが容易に膝を打つことだろう。

再びサンコウチョウ　　　　　　　　　　　　　絆

スズメ目　カササギヒタキ科　サンコウチョウ属　L♂45cm♀17cm　　　　　岡山市(6月)

　ある年、喉の黒い部位に白い羽毛が目立ち（写真右）個体識別が容易な個
体がいた。その♂は自慢の長く立派な尾羽を震わせ "フィチィー、ヒィーチ
ィー、ホイホイホイ" と盛んに囀り、厳しい審査を凌ぐとめでたく意中の♀
と結ばれた。番となった2羽は間もなく巣作りを開始したが、♀を巡って何
羽もの♂と競い合った遺恨は営巣後も尾を引いていた。番♂の隙を狙い、独
身♂が度々巣を訪れ、♀に猛烈なアピールを繰り返した。独身♂は、♀が番
相手を替えるのではないかと危惧されるほど美しい個体（写真左）だった。
　数日後の夕刻、♂同士が激しく争って森に消えた。それから又しばらく後
の子育ても終盤に差し掛かった頃、再び巣を訪れるとすぐに白点の♂が餌を
咥えて帰ってきた。左翼がだらりと下がり、再生は難しいと思われるほど酷
く傷んで不自由そうだった。あの美しい独身♂は未練を残し、時折姿を見せ
た。その度に躊躇なく♀が追い払った。番の絆は♂の負傷をも克服し、♀が
奮い立つほど強固なものとなっていた。やがて、番は3羽の雛を巣立ちさせ
た。

　野生生物が直面する自然の掟は、弱い立場の者をかばうほど生易しいもの
ではない。しかし、また、我々が考えるよりも遥かに思慮深く、時には情愛
をも抱えて逞しく生きている。

ササゴイ

清流に生きる

ペリカン目　サギ科　ササゴイ属　L52cm　　　　　　　　岡山市(5月)

　濃い青味色の長い冠羽は後頭部へと連なる。薄い青灰色の頬から体下面に、翼の笹の葉をあしらった模様が映えて清々しい印象を受ける。実際、この鳥は清流に生きている。オイカワやウグイ、アユなどの清流魚を好んで捕食しながら繁殖する。遠く東南アジア周辺から日本の清流を目指して渡ってくる。往復1万kmにも及ぶ渡りの苦難を帳消しにする清流が日本にはある。ササゴイの飛来は上流域のカワガラスと共に、清流の指標鳥と思って良い。

　私が育った岡山県中部の高梁(たかはし)は中流域の城下町で、昔からササゴイが飛来する。随分昔のことだけれど、私の通った同じ場所に今も幼稚園がある。その園庭の隅に立派なクロマツが聳え立ち、ササゴイが樹冠を好んで営巣する。狩場は近く、マツは高木で枝葉が繁っている。子育てに使う不動産としては一等地の極上物件で、だからササゴイが代々棲むと決めたようだ。

　難しい問題がある。偉大なクロマツは、かの山田方谷先生お手植えの代物なのだ。更に一帯は市の名だたる観光地で人の往来が多い。過度の剪定(せんてい)も憚られる名木は枝葉を広げ、魚食のササゴイは当然の如く脂分の多い糞尿を排泄する。糞尿は景観を損ない悪臭を放つ。万事丸く収める妙案はないものか。ササゴイを追い払う、という強硬策も検討されたが、結局は地域の自然愛好家が清掃を買って出た。尊い奉仕の精神にササゴイは救われた。かくして、雲海の城『備中松山城』眼下のクロマツには子育てに励むササゴイがいる。

コアジサシ

求 愛 給 餌 と い う 貢 物

チドリ目　カモメ科　アジサシ属　L26cm　　　　　　　　　　倉敷市（6月）

　求愛の手段には、ラブソングを聴かせたり、華麗な舞を披露したり、高い運動能力を見せつけたり、贈り物で相手の気を惹こうとする種まである。

　コアジサシは小魚を差し出す。小魚は種の主食であり、ホバリングして水面下の獲物を探し、飛び込んで捕獲して持ち帰る。その一連の能力を知るには、他と見比べるより「成果」を受け取る方が確実で安心でもあり、更には「実利」が伴う。実利には誠意をも蝕む魔力が潜むこと、人の世と同じ。

　ある年の初夏、とある大コロニーの片隅にまだ若い♂個体がいた。彼はカタクチイワシを咥え、途方に暮れて茫然と立ち竦んでいた。よく心得た♂のように、♀が産卵するための掘った窪地の周りでなく、当てのないままに。炎天下で何度か♀に断られ、カタクチイワシは萎びている。すでに気の毒な彼の身に、更に信じ難い事態が訪れた。近くで抱卵中の♀が傍へ走り寄って翼を震わせたのだ。彼が素早く差し出すと、♀が受け取ったので歓喜した。彼は首を突出し、力の籠もった足取りで小躍りしながら「約束されたはずの瞬間」に備えた。有頂天のあまり、永く天を仰ぎ過ぎたその刹那、♀は抱卵に復帰した。彼は恨めしそうに♀を眺めていた。若く純真無垢な♂には少々辛い授業料と思う外ない。

　求愛給餌も差し出す側が油断すると、成果の見込めない唯の貢物に化けてしまう。萎びたカタクチイワシに奇跡を手繰り寄せる力などはない。

餌を持ち帰った♂を見て立ち上がる、抱卵中の♀　　　　　　　　　倉敷市（6月）

交尾を前に歓喜する♂　　　　　　　　　　　　　　　　　　　倉敷市（6月）

ホオアカ

お洒落な羽衣

スズメ目　ホオジロ科　ホオジロ属　L16cm　　　　　　　　岡山市（4月）

　ホオアカは県南では数少ない冬鳥なので、春まで楽しみに観察する。飛来すると狭い採餌場に固執して越冬するから、ほぼ確実に出合える。

　灰色の頭部に頬の赤褐色が映え、黒眼を囲った白いアイリングがほど好い。褐色の背には黒い縦斑がある。白い体下面には喉の黒斑が目立ち、胸には赤褐色の明瞭な帯がある。お洒落な丸首のセーターを着たような雰囲気がある。

　飛来直後は警戒心が強く、すぐに草むらに潜り込むとしばらくは出てこないから離れる。晴れた日には落ち穂を啄み、枯草で寛ぐのを見る。優しい穏やかな印象の装いが観る側にも伝わり、心地好い時に包まれる。春先には場馴れして、野花が咲く散歩道に出て採餌している。その頃には、いつの間にか、というように鮮やかな色味のセーターに新調している。

　県北の涼しい高原で繁殖しているというので出掛けた。青い草むらに点在する灌木の樹冠のあちこちで頻りに囀っていた。繁殖期も既に中盤から終盤に掛けた時期であったから、あの日新調されたセーターも端々が解れていた。"チョッチッチチチロチッ"などと風に揺れながら鳴いている。今はもう求愛というより縄張りを主張しての囀りだから、お洒落に構ってばかりはいられない。大事なヒナの巣立ちが控えているのだから。身嗜みを整えるのは我が子が独立を果たす、高原に早い秋風が吹く頃。その最後のお勤めとばかり、天を突くほど上向きに身構えて懸命に鳴いている。

コルリ

スズメ目　ヒタキ科　ノゴマ属　L14cm　　　　　　　　　　　舳倉島(5月)

　青い鳥が話題になると、誰もがメーテルリンクの童話を思い浮かべ、兄妹が探し求めた『幸せの青い鳥』が身近なキジバトだったことに安堵する。

　作者はフランス語圏のベルギー人だが、話の舞台を広くヨーッロッパ全域に想定しても青い鳥は数種のカラ類とアトリ類ぐらいで、殊更に青い鳥というほどではない。そこで、童話の書かれた1908年当時なら既に新世界（北米）の事情はヨーロッパ各地にも伝わったはずで、中に「マウンテンブルーバード」の噂もあったのではないだろうか。分布域カナダへのフランス系移民も多く、この鳥は実に青い。「幸せを引き連れている」といってみたくなるほど青い。どこかに実在することで話が現実味を帯びる。

　その青い鳥といって相応しい日本の野鳥が、ルリビタキ、コルリ、オオルリの３種で、ルリビタキとオオルリは探し求めなくとも多少の努力で容易く出合える。だから、その話に合わせた夢物語を描きたいならコルリではないだろうか。コルリは森の奥深くからの囀りだけを聴くことが多く、鳴き声を頼りに近付いても中々姿は見せない。

　ある時、深い森の林床にまで強い陽射しが届き、朽ちかけた老木が薄青い影を根元に落としていた。何かが動く気配に立ち止まり、息を凝らして探ると影の中に消えそうなコルリがいた。虫を咥えている。コルリも幸せを求めて奮闘中なのだ。瞬時の幸せに満たされ、私は抜き足、差し足で離れた。

再び**コルリ**

雄叫び

スズメ目　ヒタキ科　ノゴマ属　L14cm　　　　　　　　　　　　鏡野町(5月)

　現生鳥類約1万種の半分以上を占めるスズメ目は、音声器官である鳴管が発達したグループのスズメ亜目とタイランチョウ亜目に分類され、スズメ亜目はその特徴から「鳴禽類」という別称で呼ばれることが多い。

　鳴き声は地鳴きと囀りに区別され、地鳴きは種内で交わされる合図だから年中聴かれる。一方の囀りは求愛と縄張り主張が必要な時期に発声される。その囀りの違いを聞き分けられないけれど、生物中、最も複雑な発声が可能な生き物だから、万感の思いをも鳴き分けているであろう。

　ある年の5月、家内と連れ立ち大山登山に出掛け、3合目付近で休んでいた。突如、登山道に張り出したブナの横枝にコルリが舞い降り、思わぬ幸運に固唾を呑んだ。"チッ、チッ、チッ"僅かに嘴が動く前奏に続き"カラカラカラー"と囀る。登山者が途切れていたことが幸いしていつまでも止めなかった。ついには二人の体が冷えて、ゆっくりと立ち上がった。コルリは枝を移して鳴き続けていた。

　「夏鳥の第一声は、過酷な渡りを無事にやり遂げた達成感から湧き上がる喜びの表現で、求愛というより雄叫びに近い」という解釈を読んだ記憶がある。鳥に感情というに相応しい心の動きがあるのかどうか解らないけれど、そう言い切った人の爽やかさは伝わる。

　山頂では"ヤッホー"と叫ぶ若い登山者に出会った。

シベリアオオハシシギ

チドリ目　シギ科　オオハシシギ属　L35cm　　　　　　　　　　　　岡山市(8月)

　シベリアオオハシシギはまっすぐで長い嘴が特徴の大型のシギだ。ユーラシア大陸中緯度の限られた地域で繁殖し、インドや東南アジアで越冬する。野生絶滅の危険性が高いことから、危急種（ＶＵ）に指定されている。渡りルートからも外れ、日本には稀にしか飛来しない。珍鳥の飛来は、強風に煽られるなどの不運で目的地を見失った、いわゆる迷鳥が多い。

　ある年の晩夏、近郊の農耕地に飛来した。近縁のオオハシシギより一回り大きく、嘴も脚も長い。なるほど、正しくオオハシ（大嘴）だ、と感心する。

　シベリアオオハシシギは白い眉斑が爽やかな、春に誕生した幼鳥だった。採餌場は水を張った休耕田で、一帯で増殖したジャンボタニシが古い稲株のあちこちにピンク色の卵塊を産み付けていた。幼鳥はその稚貝を啄んでいた。ジャンボタニシ（スクミリンゴガイ）の卵は不気味でも、食用に持ち込まれた経緯がある。鳥の健康に問題はないだろう。タカブシギやケリも混在し、採餌に夢中で余念がない。普通に穏やかな日常、と思われた。

　再び訪れた時、シベリアオオハシシギは片脚を負傷し、歩行に不具合が生じていた。更に半月後の９月初旬、回復の期待も虚しく落鳥したと聞いた。

　不運な迷行に負傷が重なり、努力しても未来は掴めなかった。それが紛れもない珍鳥の現実で、迷行の果てに不遇な生涯を閉じる個体がいる。珍鳥との出合いには感謝するけれど、不憫な若鳥の残像が今も脳裏から消えない。

ソウシチョウ

籠ぬけ、という言い分

スズメ目　チメドリ科　ソウシチョウ属　L15cm　　　　　　　　　　大山町(5月)

　ソウシチョウの漢字名「相思鳥」は「番の♂♀を分けてしまうとお互いに鳴き交わしをするため付いた名」といわれ、物悲しくも美しい種名です。

　ソウシチョウはクロツグミにも似た美声で、紅い嘴が印象的な美しい小鳥です。そのため、江戸時代より愛玩用に輸入飼育されてきました。本来は中国からベトナム北部、ヒマラヤ域にかけて分布する留鳥なので、日本では人為的に移入された生物「外来種」として扱われています。

　日本生態学会が定めた「日本の侵略的外来種ワースト100」の選定種の1種にもなって、標高1000m以上のスズダケなどが繁る環境で繁殖するウグイス、コルリ、ヤブサメ、コマドリなどと競合し、ソウシチョウは何でも食べ、丈夫なことからそれらの種を脅かす存在になると危惧されています。だからといって、一体どうするというのだろうか。以前のセイタカアワダチソウや今日のオオキンケイギクが人の手に負えないほどの無数の種子で分布域を拡げたように、ソウシチョウは身辺に存在する全ての生物と絡み合いながら、複雑で人知の及ばない暗闇のような生態系の奥深くへ潜り込んでいる。

　人が無理にでも排除しようとして、もがけばもがくほど事態は複雑を極めるだろう。岡山でも県北の山岳域では普通に繁殖し、冬季は南部へ移動して群れで越冬している。動向を見守る外に手立てがないのが現状で、我々が犯した過ちを繰り返さないため「活発な負の遺産」は今も飛び回っている。

コノハズク

フクロウ目　フクロウ科　コノハズク属　L20cm　　　　　　　八頭町(7月)

　観察機会に恵まれて、この小さなフクロウに愛しさを抱かぬ者はいない。気迫の籠もった面構えに、金色の虹彩が気品を添えている。黄昏時からブッポウソウ（仏法僧）と鳴き始める。森から人里に届く妖精の歌声だ。コノハズクには、長い間生息環境と餌が似通う同じ夏鳥のブッポウソウと混同され、1953年に「鳴く鳥を撃ち、初めて真実を知った」悲しい逸話がある。コノハズクは深山の森に棲み、昆虫や小動物を狩る夜の猛禽だ。昼間に休息するフクロウも、ヒナが出揃うまで昼夜のない日々が続く。親鳥の心労はピークに達するであろう。事を成し遂げて得る充足感は、いつ感じるのであろうか。

　ある時「ヒナが谷の立木に飛び移り、親鳥が後を追う」という切迫した状況時に到着した。見る間に風が勢いを強め、立木は幹から揺れ始めた。機敏な対応が難しいヒナは、崩れるように滑り落ちて下枝の根元に挟まった。慌てる親鳥が垣間見え、更に滑り落ちたヒナは視界から消えた。ほどなく、近くの繁みで羽繕いするヒナを見た。親鳥の一途な誘導が功を奏し、絶体絶命の危機から連れ戻したのだ。人なら、うんざりするほど小言を聴くであろう。

　コノハズクも昼間は猛禽からの捕食圧に晒される。だから、時々薄目を開けて警戒する。更に、枝に似せた擬態も駆使して身を守る。生態系の上位で小動物を狩るコノハズクも、更なる上位者の餌でしかない。未来と安寧を求めて夜へ進出した者にも、それなりの厳しい自然の試練が待ち受けている。

シロチドリ

擬 傷

チドリ目　チドリ科　チドリ属　L17cm　　　　　　　　　　　倉敷市(6月)

　日本野鳥生態図鑑（保育社）シロチドリ採食生態の項目には「急速に走って急停止し、急に方向を変えてついばむ。見て見ぬ振りをして、急襲するタイプである」と解説してある。相手の不意を衝く発想かと思われる。

　抱卵中の番相手や巣立ち間もないヒナの身辺が危険に晒されると、シロチドリは擬傷行為に及ぶ。敵の気持ちを撹乱して難を免れる、心理作戦だといえる。力に頼るモビング（擬攻）とは明らかに違う対応をみせる。

　ある時、抱卵中の♀がカラスに狙われた。一帯は、どの場所も同じように見受けられる瓦礫の散らばる広い埋め立て地だった。近くで見張っていた♂は危険を察知し、巣から遠ざかった。♀は砂礫に紛れる確信があるのか、その場に耐えた。カラスが巣に伏せた♀に的を絞って直進を始めたその時、♀とカラスの間に♂が割り込んだ。翼を引きずり、怪我を装って巧妙に誘い、次第にカラスを巣から遠ざけた。命懸けの擬傷が功を奏した瞬間だった。ただ、自然は時に残酷な展開を見せる。擬傷を疑わず、遠くへ誘われたカラスには、連れの一羽がいた。騒動の最中に♀が立ち上がって巣から離れた事実と、紛らわしい小石が並ぶ中の一点を注視して迷わず、惑わされず、巣に直進した。３個の卵は一列に咥えられ、シロチドリは狼狽して虚しい声で鳴いた。命を張っても守れなかった自身を嘆いているようであった。カラスはすぐに飛び去った。栄養価の高い餌を我が子にと思う勤勉な母親かも知れない。

抱卵中のシロチドリ♀親　　　　　　　　　　　　　　倉敷市（6月）

シロチドリの卵を咥えるハシボソガラス　　　　　　　倉敷市（6月）

マミジロ

白眉

スズメ目　ヒタキ科　トラツグミ属　L23cm　　　　　　　　玉野市(5月)

　マミジロも待ち望んだ鳥だった。知人からの連絡を受け取ったのは登山を終えた直後だったけれど、何度かの苦い経験を重ねて「鳥見に『また』はない」という格言めいた想いを抱いた頃だったから、山仲間と別かれて直行した。

　若葉を通した陽射しが青く降り注ぐ心地好いブナの森に登山道がある。その脇のまっすぐに伸びたミズナラの大木に営巣中で、頻繁に出入りする番が見られた。マミジロ♂の白い眉斑は、想像を超える立派な、且つ美しいものだった。また、巣材を運ぶ♀の控えめな体色も忘れられない印象を残した。翌春には、近場の公園を通過する♂個体がしばらく滞在して間近で撮らせた。

　マミジロを見ると、若い頃の「一点豪華主義」という言葉が流行ったのを想い出す。欲しい物は幾つもあったけれど、叶う時代ではなかった。せめて一つくらいは豪華な物を、ということなので「一点満足主義」が実情だった。マミジロは違う。王冠の如くに輝く白い眉斑を引き立たせるため、歌舞伎の黒衣のような羽衣を纏っている。だから、マミジロ♂は偽りのない真の「一点豪華主義者」といえる。更に、あの一見すると控えめで地味な容姿の♀が査定を繰り返し、支持を重ねて到達した美の極致ともいえる。

　白い眉なら『三国志演義』に登場する馬良がいる。彼は幼い頃から秀でた才能で知られ、眉が白かった。後に、特に優秀な人物を「白眉」と呼んだ。もう、今では聞かれない言葉だけれど、マミジロといえば思い出す。

ミソサザイ

沢のシンガー

スズメ目　ミソサザイ科　ミソサザイ属　L11cm　　　　　　　　　江府町(6月)

　ミソサザイは真に小さな鳥だが胸を反り、尾羽を立て、あらん限りの力を発揮して囀る。"ピィッイッピルルル、ピーチィピルピル"などと複雑で長い囀りを繰り返す。その金属的とも表現される高くて大きな鳴き声は、沢音に消されず♀に届けるためだ。

　ミソサザイの名の由来に「味噌をまぶしたような羽色の小鳥」があり、試しに紹介すると誰もが笑顔で納得する。しかし「ミソ」は「溝」の変化したもので、水辺を意味し「サザイ」は「小さい」に接尾語の「き」を添えた「ささき」が語源で「水辺の小さい鳥」の意と『図説 日本鳥名由来辞典』にある。訊かれると、大概は二つの由来を話す。「味噌」は「水辺を」圧倒し、大方の記憶はいつしか味噌色に染まっている。

　ミソサザイ科は世界に16属174種が知られ、ユーラシア大陸には1属1種だけがいる。それが日本のミソサザイでもある。野鳥の分布域には1属1種の厳しい自然の掟があり、ユーラシア全域を支配して他種を寄せ付けないのは驚異である。繁殖は山地の渓流沿いを好み、岩の隙間や樹木の根元の窪みで、一夫一妻、または一夫多妻で行う。

　名のある山の沢沿いには登山道があり、ミソサザイの美声は登山の楽しみで、登り始めは応援歌、下山時にはお帰りの慰労に聴こえる。登山者は心地好い疲労を覚え、至福の時でもある。

レンカク

チドリ目　レンカク科　レンカク属　L55cm　　　　　　　　　　岡山市(8月)

　レンカクは控えめに飾る種が多いチドリ目にあって、突出した華やかさで繁殖期を迎える。非繁殖期の冬羽から著しく変貌し、同じ鳥とも思われない。本来の分布域は熱帯、亜熱帯で、見るからに南国の鳥だ。

　雨季に合わせた繁殖入りの生態から、場所が変われば時期も異なる。中国北部で6〜8月に繁殖する一群の記述がある。最も日本に近い繁殖地は台湾で、適した水辺さえあれば国内での繁殖も期待される。

　ある年の7月初旬、通称「三角池」にレンカクが飛来。三角池は1kmの一辺が湖に面し、残る二辺は3mほどの土盛りの堤防が2kmほど続く。その夏は水面をガガブタが蔽い、朝方には小さな白い花が開花して雲海のようであった。8月には幾分か夏枯れし、コウホネの黄色い花やオニバスが目立ったけれど、ガガブタの凄まじい繁茂がレンカクを池に留まらせてくれた。

　池には漁師の小屋がある。その脇の日陰に腰掛け、一夏観察した。初めは1羽で、低く唸るような鳴き声を聴いた翌日に2羽目を確認した。明らかに大きさが違う。資料から♂♀の判断と一妻多夫の配偶システム、食性、繁殖生態などに興味を抱き、連日通った。広大な池でもレンカクは目立ち、時々水面が開けた近場で水浴びをした。太い頸と長い尾羽の方が♀で、こぢんまりとして可愛らしい♂に寄り添い、甲斐甲斐しく振る舞っていた。

　恋の予感がする。ガガブタは一面に咲き誇り、すでに舞台は調っている。

ブッポウソウ

ブッポウソウ目　ブッポウソウ科　ブッポウソウ属　L30cm　　　　　　　　吉備中央町(7月)

　鳥好きが「森の宝石」といって憚らない美しい色彩の夏鳥だ。故あって、他種の鳴き声を種名に戴いている。違いに気付いても正せないルールが存在し、時が経つと滲みも絵柄で「ブッポウソウ」の名も育つ。

　羽衣の華やかさと、ギョロ眼に頑強な赤い嘴の無骨さがミスマッチの鳥で"ゲエッ、ゴゴゴゴ……"と鳴く。言い得て妙な種名かと思う。

　この類稀な野鳥は絶滅危惧種となり、一時は国内での存続が危ぶまれた。分布域の山野や水辺環境は年々回復し、餌の昆虫は豊富で然したる競合種も見当たらない。個体数を増やせないのは、営巣箇所不足との見当から巣箱掛けを手掛けた。功を奏し、地域では普通に見られる夏鳥となっている。

　巣箱を掛ける電柱は田畑の畔などで、所有者の理解と同意がなければ叶わない。更に、当のブッポウソウが喜ばないと続かない。続かないことに手を出せば野鳥が被害を受ける。鳥好きが最も恐れるべき事態である。

　巣箱掛けで培われたノウハウは一般にも普及し、自宅の庭先に掛けられた巣箱も見る。春には「お帰り」と呟く愛しさも育まれるであろう。現在、世界一の繁殖密度とも思われる成果にもあやかり、実に喜ばしい。

　さて、この野鳥は朽木に穴を掘るか、キツツキなどの古巣を広げて営巣するのが本来の姿である。穴を穿つにも技術を要し、巣箱提供が技術継承を妨げないか。与える影で失うものが発生しては互いに困る、先行きの懸念だ。

再びブッポウソウ

オニヤンマ哀し

ブッポウソウ目　ブッポウソウ科　ブッポウソウ属　L30cm　　　　　岡山市(7月)

　幼い日に抱いたオニヤンマへの畏敬の念が色褪せることはない。初めて翅を指に挟んだ時の擦れてカシャ、カシャという乾いた音の印象は今も指先に残っている。いつもオニヤンマは暴れて、僕の怯んだ指を噛んで飛び去った。「オニヤンマはトンボの王様だから」と密かに誓い、二度と捕まえなかった。

　それから、随分と時が経って、ブッポウソウの保護活動に関わった。雛の巣立ち間近な頃、親鳥は給餌のために次々とオニヤンマを捕らえて巣に運ぶ。大きな頭部の筋肉に支えられたブッポウソウの赤い嘴は容赦ない。一噛みでオニヤンマの胸部は噛み砕かれ、強大な顎は停止し、繊細な翅は無残に折られる。私の心に乾いた音だけが虚しく蘇る。ブッポウソウには明日を生きる糧になるが、オニヤンマの一生は潰える。どこまでも自然の掟は揺るぎない。

　ある時、捕らえられたオニヤンマはランデブー飛行の最中だった。ブッポウソウは連なる先の♂ヤンマを咥え、巣で待つ雛の口へ押し込んだ。広げた翅のまま頬張った雛は、苦し紛れに首を振り回した。オニヤンマ♀は千切られるように離れ、巣箱の穴に引っ掛かっている。気絶したのか、ピクリともしない。再びオニヤンマが持ち込まれ、観る者に希望を抱かせる事態が起きた。新たに犠牲となったオニヤンマの翅が僅かに触れ、覚醒した♀ヤンマは一気に上昇して飛び去った。急げ、産卵場へ！オニヤンマとブッポウソウ、好きで関わる二つの命の行方。思案の方向が定まらない。

ミズカキチドリ

チドリ目　チドリ科　チドリ属　L18㎝　　　　　　　　　倉敷市(7月)

　私からすれば、幸運が度重なり出合えた鳥だ。発見者となったＴさんが知人に連絡して２人で観察したが同定に迷い、とある方を頼った。彼は多忙で、断られた。私とは顔見知りのＴさんの知人は、私を倉敷在住の者との思い違いから連絡したらしい。話を聞き「コチドリの下嘴基部には小さな赤味があります」と返答した。するとＴさんの「上の嘴も少し赤い」が漏れ聞こえた。それで「それが確かならば、稀にハジロコチドリがいます。季節から夏羽が残っているのでしょう」と返答した。更に「コチドリのような金色のアイリングがない」と付け加えた。コチドリで一件落着と思われたが「ハジロコチドリなら、動画を撮り直したい」と家内が話題を繋げた。私は運転手に雇われ、１時間ほど西の埋め立て地の水辺へと車を走らせた。

　ハジロコチドリよりも小さくコチドリほどで、細いアイリングや顔周囲の部位には違和感がある。資料から、極めて稀なミズカキチドリと確信した。

　珍鳥との出合いは鳥好きには喜びで、観察時には充実感で満たされる。しかし、鳥が去ると不意に「その後はどうしたろう」という思いが募る。出合った時、鳥は心細い境遇の身となっている。よほどの幸運に恵まれなければ本来の分布域への到達も叶うまい。日々を凌いで、運が開けるのを待つよりほかはない。若い個体にはとても難しい対応だ。対応の難しさは人にもあり、「穏やかになることを学べ」偉人の教訓を唱えても、心は高鳴るばかり。

再び**カッコウ**　　　　　　　　**仮 親 の 悲 哀**

カッコウ目　カッコウ科　カッコウ属　L35cm　　　　　　津山市（8月）

　世界には9000種ほどの野鳥が生息し、80種の托卵習性が確認されている。托卵とは他種の巣に産卵して、巣立ちまでの一切を仮親に委ねる習性のこと。1％に近い数の種が生態系に組み込まれているのが現実であり、他の種と同様に子孫を残すための様々な手段を托卵鳥も備えている。カッコウ科が最大勢力で50種を占め、一部が渡りを敢行して日本には4種が繁殖のために飛来する。更にカッコウ科の6種が確認されている。多様な生態の種を受け入れられる豊かさが日本列島にはまだ残されている。

　ある時、まだら模様の個体が桜の横枝にいた。後頭部に目立つ白斑があり、カッコウの幼鳥だと知れた。毛虫を突く所作がぎこちなく、いかにも幼い個体と思われる。辺りを気にしてウロウロしているので、その視線に合わせて周りを探った。すると、緊張した素振りの♀のモズがいた。モズは低い姿勢で、恐る恐る近寄っては何かをしようとする。カッコウは寄られた分だけ、じりじり動いて離れる。何度か繰り返し、枝にはその余裕がなくなった。カッコウは移る枝を迷い、決断が遅れた。モズは一気に擦り寄って、震える嘴をカッコウの顔先に差し出した。モズは小さな虫を咥えていた。カッコウは拒絶しても止まない振る舞いに耐えられず、遂には威嚇して、モズがひるんだ隙に飛び去った。うろたえるモズの嘴から虫が落ちた。成し遂げて得られる

はずの充足に満たされぬまま、モズは母親の役から降ろされた。

　一般に、動物の親子の別れは親が子を追い払う形で行われる。親は子のために使える時間に限りがあることを理解している。だから、子には授けられる全てを期限内に割り当てて注ぎ、充実の内に役目を果たして責務を終える。モズもそのようにして終えるはずだったろう。けれども、子が仮親を遥かに上回る体躯に成長し、必要な給餌の継続が無理であることを子が先に悟ったのではないか。母の体力が消耗しきる前に、みずからの身を引いて親子の縁を絶ったとしか思われない光景だった。

　托卵鳥の別れが必然的にこのような経緯を辿（たど）るなら、宿命とはいえ、なんとも切ない別れではないか。体の内から突き動かされる、抑え切れない衝動のような、抵抗も思考さえも許さない、得体の知れない何者かの決断かと思われる。

　近年、托卵鳥がテレビ番組で扱われ「その生態が驚くほどに狡猾（こうかつ）である」という解説ばかりが目立つ。多様な野生生物に人の価値観を重ね、一体、何を知ろうとするのか。せめて、学童には先入観のない「あるがまま」を素直な気持ちで見てもらいたい。

仮親からの離別を決断し、飛び去るカッコウの雛　　　　　　　　津山市(8月)

秋

旅立ちの頃

サシバ

タカ目　タカ科　サシバ属　L♂47cm♀51cm　　　　　　　岡山市（9月）

　秋のタカ渡りは鳥好きには最大イベントの一つで、今年はどこで観ようか
と迷い、落ち着かない日々を送る。あちらでも、こちらでも観たいのだ。
　タカ渡りの主流はハチクマとサシバで、他の猛禽類はついでに観る。以前
は記録も楽しみで、ノートやカウンターを携帯した。もう今では記録より、た
だ観察を楽しむ一日だと思うから、日傘や安楽椅子に食糧などを気遣う。も
うすぐ、と思う頃に戴くコーヒーなどは格別に美味しい。
　小鳥など、多くの鳥類は気流の安定する夜に渡っている。上昇気流を使っ
て高度を稼ぎ滑り落ちるように移動するタカ類などは、熱気泡が発生する晴
れた日中に渡る。例えば、1000m上昇し、1万m先へ進む、を繰り返す。1
対10が基本の効率だ。因みに、グライダーが1対25程度。帆翔すれば体力は
温存できる。長い渡りには悪天候やアクシデントも予測され、羽ばたく必要
時に備えて脂肪の浪費は避ける。渡りは冒険のような辛苦を伴う行為だ。近
くを通過する表情からはその決意が伝わり、身震いする。「元気で帰って来
い」と、声を掛けたくなる。一筋に帆翔移動する様を「流れる」と表現する。
　ハチクマは九州を横断して大陸へ向かい、サシバは九州を南下して南西諸
島から島伝いに東南アジア方面へ向かう。沖縄本島から遠く、最難関の宮古
島ではサシバが捕獲され、食文化の歴史があった。今では保護の対象だから、
一夜の安眠が英気を養い、翌朝には高く舞い上がれるであろう。

アオアシシギ

秋 の 訪 れ

チドリ目　シギ科　クサシギ属　L35cm　　　　　　　　　倉敷市（8月）

「お盆には秋風が吹く」は、子供の頃に聞き慣れた大人の会話だ。次第に深刻な地球温暖化の所為なのか、近年はお盆を過ぎても暑い日が続く。10月に入ってから漸く凌ぎ易くなる年が多い。

　気温変化に一喜一憂して、季節感を見失う我々を尻目にアオアシシギはお盆頃になると飛来する。水辺のどこかから "ピュ、ピュ、ピュー" と澄んだ声が届くと、変わらぬ季節の移ろいを知る。水面を渡る秋風のようだ。

　アオアシシギは灰褐色に黒い縦斑が涼しげな羽衣の大型のシギで、種名通り緑青色の脚をしている。黒くて長い嘴は上向きに反り、腰から背が白く、飛翔時には目立つ。警戒心が強く、観察には気配りを要する。車で近付こうとしても、気配を感じて飛び去る。諦めて水辺で休んでいると不意に飛来し、間近に着水したことがある。今度はこちらが気配を察して身じろぎせず、採餌を待った。間近にするとピリピリとした緊張感が伝わり、野生の世界を感じる。呼吸がリズムを忘れて息苦しい。数分の濃密な時間が過ぎて、やっと観察許可が下りた。無機質な物体の動きを演じて正面を向いた。アオアシシギは時折横目で見るけれど、警戒を解いたと思われる。

　首は長く、胸へと伸びる頑強な筋肉が羽毛の下で蠢いている。しばらく採餌すると池エビを追い、器用に泳ぎながら遠去った。学名は「霧のクサシギ」というほどの意。朝霧の中から、今にも涼しげな鳴き声が届くようだ。

オオタカ

美しき支配者

タカ目　タカ科　ハイタカ属　L♂50cm♀58cm　　　　　岡山市(11月)

　鳥好きだから、嫌いな鳥はいない。カラスでもにわとりでも見所があり、楽しみに観る。しかし、観る度に感嘆の溜め息を漏らす鳥はオオタカだ。威風堂々たる体躯でイヌワシやクマタカが圧倒しても、品格を争えばオオタカの独壇場だ。高貴な美しさだから、殿様が好んで狩りに使った了見も解る。

　オオタカ成鳥の、体下面の繊細な横斑には無類の気品を感じる。漆黒の過眼線は金色の虹彩を貫き、白い眉斑が精悍さを演出して眼光は鋭い。枝に直立して睥睨する姿からは、毅然として自然に向き合う日常が窺われる。

　イヌワシやクマタカが分布する標高の高い山岳や、深い谷間を望む山野は限られる。人の住む環境を取り囲む山野や里地には、オオタカとハヤブサを頂点に据えた生態系が確立している。2種は営巣環境が異なり、狩りの方法も違い、山野寄りをオオタカが、平地寄りをハヤブサが主な狩場としている。接近しても、互いが無益な相手と認識しているのか、争いは見ない。

　オオタカは、生態系に君臨する生物に相応しい生き方を強いられている。多くを望まず、新鮮な獲物に固執して腐肉などを避け、食性を広げず、営巣環境の劣化も受け入れない。そこに「個体数の過剰な増加を許さない」覇者への戒律が見える。生態系上位者の増加は下位で支える者の負担となる。

　オオタカは鋭い爪と嘴を武器にした生態系の支配者だけれど、意外なほど慎ましやかな生態の鳥で、身を律する気構えが美しさを際立たせている。

ホバリングして狩りの機会を窺うオオタカ　　　　　　　　　　岡山市（11月）

低空飛行で獲物を追うオオタカ　　　　　　　　　　　　　　　岡山市（12月）

エゾビタキ

旅装束

スズメ目　ヒタキ科　サメビタキ属　L15cm　　　　　　　　　倉敷市（10月）

　エゾビタキ、コサメビタキ、サメビタキのサメビタキ類３種は春秋の渡り時期に、ほぼ決まった環境に姿を現す。共通の暗い灰褐色の羽衣が鮫皮の色合いに似て、属名に使われている。昔は滑り止めに刀や鋸の柄に巻き、わさびおろし等にも活用して、鮫皮はもっと身近なものだった。

　私はエゾビタキが秋の里山に飛来するのを楽しみにしている。一度見掛けると、そこには翌年も現れ、安定した枝であれば必ずその枝に現れる。定宿を訪れる旅人のようだ。一見地味だが、時代劇でお馴染みの旅装束のようで味わいがある。胸から下腹部に縦斑があり、濁りのない白い下地に浮き立つ。メリハリの利いた行動と相まって、竹を割ったような気性の若者を見る思いがする。爽やかなこと、この上ない。

　数年、良寛和尚が修行を積んだといわれる円通寺の公園に通った。一角に楷の木がある。楷は秋に、赤、青、紺、紫色を散りばめた、まるで宝石のような実をつける。その熟した実を啄みに小鳥が現れる。カラ類、ヒタキ類、キジバト、コゲラ、などが頻繁に来る。果肉がある実なので、糖の摂取か、ビタミン補給なのか、あるいは両方の目的かと不思議な気持ちで眺めている。

　秋の公園はやぶ蚊に悩まされる。傍に蚊取り線香をくゆらせてベンチから眺めていると、エゾビタキは飛び立ち、ぐるりと回って枝に帰る。フライキャッチャーなのだ。その刹那に、エゾビタキが線香を睨んだ気がする。

コウノトリ

幸運

コウノトリ目　コウノトリ科　コウノトリ属　L112cm　　　　　　　　岡山市(11月)

「コウノトリは赤ちゃんを運んで来る」は古い西洋の逸話が由来のアンデル
セン童話として世に知られている。ただ、その鳥の和名はシュバシコウ（朱
嘴鸛）で、嘴が赤い。日本で見られる、黒い嘴のコウノトリとは近縁別種だ。
眼の周辺も多少違うけれど縁起の良い話なので、ちゃっかり便乗している。シ
ュバシコウより大柄なコウノトリだから、輸送能力にも問題はない。

　日本では1971年に野生絶滅している。したがって、現在我々が見るコウノ
トリは旧ソ連産の子孫を人工飼育した個体である。放鳥当初は何色もの足環
を付けられ、白い羽にペンキで目印を塗られた個体もいた。「研究という我儘
もほどほどに」と、思ったものだ。鳥類は番相手を選択する際、本来の羽衣の
美しさや飛翔能力にも関わる左右対称などを考慮する。種の行く末や保存に
貢献するとはいえ、個体の犠牲にも限度を設けて戴きたい。「境遇」で済ませ
ては悲し過ぎる。近年は野生で産まれた番から雛が誕生する。1956年に特別
天然記念物に指定され、稀に大陸から野生飛来もあって扱いは複雑であろう。

　ビオトープを造成して餌を放ち、飛来を心待ちにする。国が関わる大掛か
りな接待、個人の赴くままの細やかな接待。人の思惑も絡み一筋縄ではいか
ないコウノトリは鳴かない鳥で知られている。鳥の言葉も話さないのはコウ
ノトリの流儀で、不便とは思わない。首を振ったり、頷いたり、音を立てる。
言葉では語り尽せない不条理の数々、二度振った。「嫌だといったら嫌だ」

111

キタヤナギムシクイ

秋 の 青 虫

スズメ目　ムシクイ科　ムシクイ属　L12cm　　　　　　　　たつの市(10月)

「見慣れないムシクイが出たよ」知人から電話をもらい、翌朝現地へ到着。海岸の堤防には灌木にノイバラが混在した法面がある。その茂みを行き来する小さなムシクイがいた。翼帯がなく、脚は黒いと思われたが、写真を拡大すると肉色味がある。下嘴も黄褐色で、チフチャフではない。キタヤナギムシクイではないだろうか？ただし、仲間内4人には未確認種で、同定の根拠も知らない。いわゆるムシクイSP扱いで、種の判明は難しいと思われた。同定には各部位の写真が要る。幸い、足元まで近寄り、存分に撮らせる。

　私たちが撮影を終えた頃、研究者らしき人たちが訪れて地鳴きの集音や撮影を開始した。昼時に、識別に有効な地鳴きと種の同定箇所を教わった。難解な地鳴きの活用はすぐには無理だから後日、鳥好きの嗜みの課題とする。「P5とP6の間隔が広い」この方は、写真にも顕著でキタヤナギムシクイを証明するものだった、私たちは厄介な難題を抱えず、専門家の教示に救われた。

　キタヤナギムシクイはノイバラに執着して離れない。見ると、秋だというのに青虫が枝先に群がっている。チュウレンジバチの幼虫だと解った。

　季節外れの青虫が話題になり、「ここにはこの餌があると、なぜ小鳥に解かるのだろう」などと頻りに感心する。ふと、傍で"フィーッ"と消え入るような鳴き声が聴こえた気がして振り向くと、小鳥が繁みに隠れた。

「貴重な秋の青虫も知らずにムシクイが名乗れるものか……フィーッ」

ホバリングしてクモを捕食するキタヤナギムシクイ　　　　　　　たつの市（10月）

捕食していたチュウレンバチの幼虫　　　　　　　　　　　　　たつの市（10月）

ウミネコ

ミャーオ、ミャーオ

チドリ目　カモメ科　カモメ属　L46cm　　　　　　　　　松阪市(10月)

　鳴き声が種名の極みはカッコウで、世界の人々が自国の言葉で鳴かせて種名としている。"ミャーオ"はウミネコの鳴き声で"カッコウ"と遜色ない印象なのに「ウミネコ」と呼ばれる。猫の方が身近で、度々鳴き声を聴かされ、声は猫の物だと皆が思っている。鳥が先に地上で"ミャーオ"と鳴いたので、後で鳴いた猫を名乗る鳥は不愉快であろう。「海の猫ではないぞ、彼奴が陸のミャーオだ」と思うだろう。他国の鳥好きにも訊ねたいという衝動に駆られるけれど、極東に限られた分布域で、大方の人々はこの鳥を知らない。

　ミャーオの方が端的だから、赤ん坊にはミャーオだという。その内に猫だと教えても「猫という名のミャーオだと赤ん坊は理解する」と私は思う。幸いに赤ん坊は記憶に留め置かず、まだ違うという苦情を聞かない。庭を勝手に出入りする野良猫に「おい、ネコ！」と声を掛ける。先日から"ミャーオ"と返事をする。だから、自分の名は「ネコ」だと思っているに違いない。

　暖かい地方に住む私などにカモメ類の同定は難解だが、ウミネコは尾の黒帯と嘴先端に赤、黒、赤、黄色の配色があって解り易い。幼鳥や若鳥は他種と似通って紛らわしいけれど、ウミネコは何かにつけ鳴くので助かる。

　島根県の日御碕に経島があり、ウミネコの繁殖地として、国の天然記念物に指定されている。冬の間に数を増やし、岸壁に砕け散る荒波と群舞するウミネコの声が厳冬の風情に躍動感を与え、感動に言葉を失う。

サメビタキ

カラスサンショウの実

スズメ目　ヒタキ科　サメビタキ属　L14cm　　　　　　赤磐市（10月）

　秋にはカラスサンショウの木の傍で鳥見を楽しむ。熟して弾けた黒い実を求め、色々な鳥が訪れる。名を戴いたカラス類にキジバトやヒヨドリにカラ類、キツツキ類、大型ツグミ類、ヒタキ類、ムシクイ類、メジロ、エナガに近頃はソウシチョウが群れを成して訪れる。大賑わいといって良い状況だ。

　カラスサンショウの実に果肉はない。サメビタキなどのフライキャッチャーは、成虫を好んで捕らえる典型的な昆虫食の種だ。当初は、そんな食性の鳥が見るからに堅そうな種子を啄むのを不思議に思って観ていた。観察し易い場所に止まるサメビタキから「啄んだ種子も吐き出す」ことを知った。種子に付着した物質を吸収した後に吐き出す、つまり「糖の摂取ではなく、ミネラルなどのビタミン補給」だと見当を付けた。それなら、食性にかかわらず必要となる。また、カラスサンショウが群生し、どの木も黒く熟しているのに、人気の集中する木がある不可解も解決する。僅かの地質、水脈の違いでも、実に付着する物質の密度が異なるのではないか。木ではなく、根を張る地質の違いだろうと思う。アカメガシワにも同様の理由が考えられる。いつの日か、若い研究者によって一切が解決されることを願っている。

　キビタキ、オオルリ、ムギマキなど雌雄が解り易い種では♀が長居をする。他の個体を追い払い、強い執着を見せるのも♀に多いと思うが根拠はない。繁殖時に喪失する割合の違いか、単に、性による特質かとも考えている。

コシベニペリカン

巨鳥

ペリカン目　ペリカン科　ペリカン属　WS240cm　　　　　　岡山市（10月）

　もう随分以前のことになったけれど、近場の池でぼんやりと辺りを眺めていた。突然、白くて大きな鳥が舞い降りて着水した。ペリカンだったから、あっ、という声が口を突いて出た。ありえない事態に思考回路が一瞬停止したような心持ちがした。大きな鳥なら、オオハクチョウやタンチョウもいるし、オオワシやイヌワシが羽を広げた姿には迫力を感じる。ただ、異様な容貌も同時に観察されるから「巨鳥」と感じたのは他にはクロハゲワシだけである。

　季節外れの池を訪れるカメラマンはいなかったが、まもなく新聞やテレビニュースに登場し、巨鳥は一躍「時の鳥」となった。飛来前には東海地方で観察され、飛去後には熊本で可愛がられたと聞いている。しばらく後に、再び池に現れたが間もなくして噂も聞かなくなった。コシベニペリカンは中型のペリカンで、種名通りに繁殖期には腰が紅色に染まる。

　池では大きなフナがすくい捕られ、口ほどある大きな鯉が暴れながら喉を下るのを見た。池には豊富な餌があり、脅威を与える者もいないと思われた。

　ある日、カワウが数百の群れを成して飛来した。最新の分類で分かれたが、少し前までカワウはペリカン目で、かなりの近縁種だから利害が争いの種となる。漁に加わったペリカンにカワウが怯えて騒ぐ。カワウは小さな鳥ではないが相手が悪い。漁の後には一本の杭を巡る争いが勃発した。見れば、共に４本の足指の間に３枚の水掻きを持つ、古い縁の断ち切れぬ者同士だ。

飛び出すコシベニペリカン、3枚の水掻きが見える　　　　　　　　岡山市（10月）

カワウとの小競り合い　　　　　　　　　　　　　　　　　　　岡山市（10月）

117

アカハシハジロ

赤 毛 の 鴨

カモ目　カモ科　アカハシハジロ属　L50cm　　　　　　大阪市 淀川(11月)

　黄金色の光沢がある赤毛と、赤い嘴の漆塗りの艶が豪華な印象のカモだ。赤い虹彩のつぶらな瞳が可愛らしく、気品も備えている。飛翔時には白い風切羽が目立ち、容姿の特徴が種名となっている。

　アカハシハジロはユーラシア大陸中緯度地方の西半分で繁殖し、その南部からインド北部で越冬する。分布域は日本から遠く、迷鳥の扱いだ。近年、琵琶湖で毎年越冬する個体があると聞くが、琵琶湖は大きいからまたその内と思っていたら、淀川の河川敷で見られると聞いて出掛けた。

　淀川ではヒドリガモとオカヨシガモの一群が、水草の採り易い岸辺の浅瀬を上り下りしながら採餌していた。近くに近年数を増したオオバンがいる。群れはオオバンに寄り添って離れない。潜水能力に優れ、多少の流れや深みでも難なく採餌するオオバンは、浮き上がって水草を食べる。潜水の困難なヒドリとオカヨシが掠め取ろうと狙っている。そんな世知辛い都会の水辺にアカハシカジロが飛来した。アカハシハジロは「盗った、盗られた」の度に大騒ぎする一群の傍で独り悠々と採餌している。オオバンほどではないが、採餌に不自由はない。ほど好い距離を保って過ごす心算のようだ。安全確保と旅先での気晴らしには賑わいも必要であろう。

　カラスが騒ぎ立てて緊迫感が水面を走った。オオタカが迫り、オオバンが潜ったけれど、アカハシハジロは迷わず飛翔の群れに加わって逃れた。

ヘラサギ

特化の是非

ペリカン目　トキ科　ヘラサギ属　L83cm　　　　　　　　岡山市(11月)

　嘴の形が採餌に合わせて特化した種で、まず思い浮かぶのがヘラサギだ。国内で確認される他の種では、クロツラヘラサギやヘラシギが同様のへら形で、ホウロクシギやソリハシセイタカシギ、イスカなどは先が曲がっている。海外だとフラミンゴやペリカン、ハチドリ、サイチョウなどの特化が目立つ。

　好む餌を効率良く食べるために年月を掛け、突然変異と自然淘汰を重ねて適応したのだ。自然の不思議と、生への凄まじい執念を見る思いがする。

　適応化が進む過程で採餌効率が上がり、繁殖率にも反映して個体数も増え、繁栄の兆しが見え始めた種の勢いを想像すると心地好い。しかし、餌となる生物や、時には特異な環境に種の未来まで託すようで、危なっかしさを伴う。

　環境は人の都合で容易く変えられ、時には破壊される。更に、人がいかにも性急に事を運ぶから、自然には適応して難を逃れる時間がない。真っ先に煽りを食い、衰退を余儀なくされるのは潰しの利かない特化した嘴の野鳥であろう。特化で得た繁栄は急激な衰退と滅亡が危惧される。我々は「まずそれらの環境を残す」が責務であろう。他の良い手段が見つかるまで。

　さて、特化した野鳥の採餌風景を観察するのは実に楽しい。ヘラサギの嘴には基部に鼻孔があるから、水中深く差し込み左右に振り回す。獲物が触れると俊敏に反応し、小さな池エビも咥え捕る。濁り水など、視覚に頼れない餌場では触覚が機能する。苦労するサギ類を尻目に、実に効率良く食べ歩く。

アカアシチョウゲンボウ　　　　　バッタ

ハヤブサ目　ハヤブサ科　ハヤブサ属　L♂28cm♀31cm　　　　笠岡市(10月)

　　ユーラシア大陸極東部のウスリーや中国北東部で繁殖し、南アフリカ東部で越冬するキジバト大のハヤブサで、春秋の渡り期に稀に飛来する。

　　笠岡市街地に隣接する干拓地には広い牧草地があり、秋の刈り入れ時には飛び立つバッタを捕獲するアカアシチョウゲンボウが見られる。

　　大気が温まると牧草地から次々とバッタが飛び立ち、少し先の草地や道路に降りる。トビやカラスにチョウゲンボウなどの常連が競うように捕食する。中に、上空から一気に高度を下げて俊敏に浚っていくのがアカアシチョウゲンボウだと気付く。捕獲すると、空中に浮かんだまま齧って食べている。

　　笠岡干拓地はかつてほどの賑わいがないけれど、知られた猛禽類の飛来地で、チュウヒ、ハヤブサ、オオタカを頂点にノスリ、ハイイロチュウヒ、チョウゲンボウ、コチョウゲンボウなどの狩場となっている。

　　ある年の秋、5～6羽の若いアカアシチョウゲンボウが飛来した。バッタは食べ放題の状況で、あちらこちらにバッタを掴んで浮いていた。その様子をハヤブサが見逃さなかった。バッタに夢中で、自身にも捕食の危険が及ぶことを忘れていたようだ。上空からの一撃で頸の砕けた若鳥は落下した。ハヤブサが難なく掬い捕ると、飛び去った。更に一羽が深手を負い、漸く目覚めたアカアシチョウゲンボウは頗る俊敏に飛び交った。凄腕のハヤブサは、見切る判断にも優れ、再び襲う光景を見ることはなかった。

ヨタカ

孤独への進化

ヨタカ目　ヨタカ科　ヨタカ属　L29cm　　　　　　　　　明石市(10月)

　フィールドで出合い、最も奇異に感じられた野鳥だ。日本で確認された野鳥の分類上でも、一目一科一属一種の特異な存在である。似た者もいない。

　生物は常に進化の過程にあり、種の繁栄を目指して試行錯誤を重ねている。安易に利の多い方向に進めば競合して、争いの日々となる。他種を避けて突き進めば過酷な環境が待ち受ける。ヨタカは夜に進出して昆虫食を選択した。飛翔性の虫を視覚に頼っての空中採食だから、眼は大きく嘴は眼の後方まで切れ込み、顔ほどに開口する。嘴基部に密生した剛毛が触れた虫を逃さない。歩行には不向きな短足で、中趾(ちゅうし)の爪先に羽繕いに使う櫛爪(くしづめ)がある。地上の窪みに産卵し、巣材はない。昼間は隠蔽色の羽衣に身を任せ、横枝に寝そべり眠っている。日没後や明け方"キョッ、キョッ、キョッ"と甲高い声で鳴く。山道で切り株に起立する個体に出合い、近付くと"フーッ"という声を立てて顔を突き出し、真っ赤な大口を開いた。威嚇効果は充分で、後ろへのけ反った。

　奇異な鳥も飛び立つと印象は一変する。タカの名も当然という勇ましさで、翼は長く尖っている。「夜の鷹」が由来の名であろう。古名の「ぢごくとり」からは、昔も怪鳥と見られたことが窺われる。江戸の私娼(ししょう)には夜鷹の別称があり「何の変哲もない場所をしとねにするから」には膝を打つ説得力がある。

　夜飛ぶ虫もヨタカの独占とはならず、小型フクロウや哺乳綱からも皮膜とレーダーを駆使するコウモリが進出して繁栄している。

イヌワシ

王 者 の 風 格

タカ目　タカ科　イヌワシ属　L♂82cm♀90cm　　　　　　　　　　伊吹町(10月)

　猛禽という名に相応しい猛々しさを最も感じられる鳥であろう。大空を舞い、帆翔しながら獲物を捕らえると翼を畳んで矢のように突き進む。獲物は文字通り鷲掴みにして捕らえ、その豪快な狩りは見る者を虜にする。

　イヌワシの語源には諸説があり、漢字表記の「犬鷲」からはオオワシよりやや劣るもの、または弓の矢羽としてクマタカの羽より美しさが劣るから、の見解がある。更に「狗鷲」では日本各地に伝説を残す天狗のモデル説がある。一方、世界では後頸の金色羽毛を冠し、王者の風格を漂わせる名を選択している。学名 *Aquia chrysaetus*（金色のワシ）英名 "Golden Eagle"（黄金のワシ）今日の多くの鳥好きが納得する命名ともいえる。

　世界には南米のオウギワシ、東南アジアのフィリピンワシ、アフリカのゴマバラワシやカンムリクマタカ等の生態系に君臨する猛禽がいる。しかし、野生のヤギやシカを掴んで飛び去ったり、人為的な狩りでもオオカミを襲う等とはイヌワシ以外では考え難い。獣の狩りでは豪快さが抜きん出ている。

　イヌワシが日本列島に分布しているのは驚きの事実で、森林の山岳が豊かでなければ体を小さく適応させてまで進出しなかったろう。風土はクマタカ向きの環境である。ある調査から、イヌワシ500個体、クマタカ1800個体が折り合いを付けながら、日本の生態系頂点に君臨している。その猛々しさに反する、いかにも慎ましい日常を堅持しながら。尊敬の念に値することだ。

オオヨシゴイ

ペリカン目　サギ科　ヨシゴイ属　L39cm　　　　　　　　　西宮市（11月）

　趣味も高じると他愛のないことまで喜ぶもので、私などもその例に漏れない。初めにヨシゴイというヨシやガマが生えた水辺の鳥に関心を寄せた。以前は近辺にも適した環境があり、少数だけれどヨシゴイは繁殖していた。静かに観察すれば近くにも寄って、小魚を捕る仕草などが楽しめた。その内に、同属の近縁種にリュウキュウヨシゴイやオオヨシゴイがいて、種の同定箇所に「虹彩の後方が途切れる」があると知った。3種共に虹彩は明るい黄色で、瞳孔は黒い。ヨシゴイは一般の鳥と同様に、瞳孔を虹彩が囲んでいる。だから黄色い環状に見える。他の2種は瞳孔の後方も黒く、その所為で虹彩は後方で途切れ、黄色いC形に見える。まるで、視力検査に用いる「ランドルト環」みたいに。その情報が絵になって脳裏に滲み付いた。視力検査の度に視標にオオヨシゴイがちらつき、しばらくは弱った。数年後に石垣島でリュウキュウヨシゴイに出合ったけれど、眼ばかり覗いて容姿を観察した記憶は薄い。その後にも、京都の小椋干拓などに出向いたけれど、その眼は現れなかった。

　道楽の月日は速く流れて、オオヨシゴイに出合ったら15年が過ぎていた。その日も朝にチラッと観て、すぐ飛び立った。昼食後にも姿を見せず、諦めかけた折に、偶然に顔見知りのカメラマンから「ここに何時に」と教えられた。オオヨシゴイは予約患者のように現れ、一心不乱に狩りを始めた。なぜそのようになったのか誰も知らない、不思議なC型の眼を駆使しながら。

カラフトアオアシシギ

蟹の捕食

チドリ目　シギ科　クサシギ属　L30cm　　　　　　　　　松山市(9月)

　絶滅危惧ⅠA類に指定され、推定個体数が500〜1000羽の世界的希少種。繁殖地もサハリン南部と限られた地域で、近年開発の進む状況から緊急な保存対策が望まれる。解り切ったことであるが、絶滅とは地上から消えることで、取り返しの利かないあまりにも悲しいことです。

　日本列島は渡りルートと並行する位置だが、なにぶん少数なので出合う機会は極めて稀だ。同属近縁の酷似したアオアシシギとの誤認情報にも期待を寄せ、何度も各地を奔走したものだ。それほど出合いを待ち望んだカラフトアオアシシギが、愛媛の河口の干潟に現れると聞いて出掛けた。

　潮が引き、小さな船溜まりに干潟が露出した。ダイゼンに続いて飛来した。幼鳥だったが、アオアシシギとは全く違う印象を受けた。脚が短く、カニを追って干潟を走り回る時には湾曲して見えた。いわゆる、ガニ股かと思う。嘴は明らかに太く、基部は緑黄色味を帯びている。本種に比べるとアオアシシギはスマートなシギだな、と思える。そうではあるが、その少々不格好な違いが心ときめく要素でもある。だから、虜となり、ただひたすら眺め続けた。

　カラフトアオアシシギはダイゼンと共にカニを食べた。何種類かいたカニの中の、心に誓ったそのカニだけを追い求めている、と思われた。咥え捕ると、一本も残さず脚を千切り捨てる。四角い甲羅部分だけ咥え直し、海水で洗ってから呑み込む。歯は無いが、砂を咬む思いをするのは嫌なのであろう。

コゲラ

キツツキ目　キツツキ科　アカゲラ属　L15㎝　　　　　　　　玉野市(9月)

　キツツキは木をつっつくから付いた呼び名で、鳥が嘴を使ってつつくようにして食べる様子を指す語の「啄む」に「木」と「鳥」を繋げた「啄木鳥」が漢字表記である。コゲラは、日本で確認されたキツツキ科12種中最も小さくスズメほどで、「けら」がキツツキの古名だから、江戸時代中期から「コゲラ」と呼ばれている。「けら」は鳴声に由来、という説がある。コキツツキとはいい難く、コゲラが妥当であったろう。ただ、この習性の生き物をキツツキとは、真に相応しい呼び名だと思う。出合うと大概は木をついている。そのことは学名（*Dendrocopos kizuki*）にも見られ、キツツキと訳される"Dendrocopos"は「木」と「たたく」のギリシャ語から成っている。コゲラの分布域は極東で、"Kizuki"は標本採集地の大分県杵築市に由来している。

　さて、そのコゲラがマイホームを新設中なので、視察して逐一報告する。見たところ、直径20㎝ほどの樹木で、キノコが生えているから朽木である。西南に傾いた木の下面に直径4㎝ほどの穴を穿ち、穴の上方には瘤がある。雨水避け万全。径の中心点を過ぎ、下方へ向けて順調に掘り進めている。一定量に達すると掘削を止め、木屑を捨てる。入り口を前後2本ずつの足指で掴み、尾羽で支えて思い切り放り出す。4～5回の連続技は素早く、木屑が繋がって見える。ふかふかの木屑に内装は不要、糞尿対策にも効果がある。

　突如止めた。えっ？　秋だから、……試し掘りだそうです。

ノスリ

ノスリの渡り

タカ目　タカ科　ノスリ属　L♂52cm♀56cm　　　　　　　備前市(10月)

　秋のタカ渡りは、一般にハチクマやサシバを主流にツミやチゴハヤブサなどの夏鳥が南方の越冬地を目指して移動する姿を見て楽しんでいる。以前より渡り時期が早まった傾向にあり、９月初旬から10月中旬頃に各地で観察される。その渡りが終盤に差し掛かると、ノスリが渡り始める。岡山辺りでは多くが東から西へ流れていく。西日本では主に冬鳥のノスリだが、近年は繁殖情報も多い。だから、居着きのノスリ、越冬目的に飛来するノスリ、南の越冬地を目指して通過するノスリがいる。どの個体がどこへ行こうとしているのだろうか、岡山でも多い日には250羽前後の観察記録がある。

　ノスリの名には「野を擦るように滑翔する」意味が込められ、山野では度々見られる光景だ。獲物を見つけ、ホバリングしながら３段階に高度を下げるのや、強風の上空ではハンギング状態で獲物を探す個体にも出合う。ノスリは高い飛翔能力を駆使して狩りをする有能なタカなのだ。しかし、古名には「くそとび」があり「鳥を捕らえず、鷹狩りに使えないので、軽蔑して呼んだ」という記述がある。また、死肉、腐肉を食すから嫌われたのであろう。今日では、スカベンジャー（掃除人）として、むしろありがたい存在と見られている。彼らがいなければ、そこら中で片付かない死体を見ることになる。

　スカベンジャーには、トビ、カラスが含まれ、海外ではハゲタカやハイエナ類が知られる。意外にも、その最大勢力はアリだと聞いている。

チュウヒ

華麗な飛翔

タカ目　タカ科　チュウヒ属　L♂48cm♀58cm　　　　　　　　岡山市(11月)

　アシ原の生態系に君臨する猛禽だ。アシ原上空をV字形でゆっくりと優雅に飛翔するのを見る。多様な羽衣と観察し易さから、人気の高いタカだ。

　草むらに潜む小動物や小鳥類が獲物で、同程度のオオタカやハヤブサに比べて華奢な脚部や指爪をしている。それ故であろうか、上品な印象を受ける。他のタカ類同様に♀が大きく、♂の羽衣が見栄えがする。成熟した♂の風切羽や雨覆い、尾羽の黒い帯模様は青灰色の地色に映えて美しい。また、稀な飛来の大陸型チュウヒには体上面が黒褐色の♂もいて目を見張る美しさだ。

　以前は、身近にもチュウヒの繁殖可能なアシ原があって、年中見られた。残念なことに、近年のソーラー発電ブームがチュウヒの分布域に目を付け、チュウヒはパネルに追い払われる。岡山などでは、阿部池、錦海湾塩田跡地、山田塩田跡地、笠岡干拓地などに大規模ソーラー発電のパネルが設置された。環境を変えて生き抜く術のないチュウヒ類だから、間もなく姿を消すだろう。

　チュウヒの分布域だけでは物足りないソーラーパネルは、日当たりの良い山の斜面に貼り付き、更に池や沼に浮いている。地球温暖化に、ささやかながら抵抗した水面と斜面に覆い被さり、いかほど貢献するというのだろうか。多額の予算を注ぎ込み、撤去などという日が訪れないことを願っている。

　鳥好きの勝手な愚痴は聞き流し、長閑な晩秋のアシ原を撫でる風の中を、チュウヒは一声も鳴かず、ただ静かに流れて行く。

コオバシギ

サブターミナルバンド

チドリ目　シギ科　オバシギ属　L24cm　　　　　　　　倉敷市(9月)

　シギ、チドリ類の楽しみは、種毎の多様な羽衣と年齢、雌雄、季節で見られる変化だ。中でも、コオバシギの生涯に展開される羽衣には眼を見張る。

　コオバシギはユーラシア大陸、北アメリカ大陸、グリーンランドなどの極北地域に点々と繁殖分布し、冬は赤道以南の広範囲に広がって過ごす。

　日本では春秋の渡り途中、オバシギなどの群れに混じるのを見る。春期の夏羽(繁殖羽)は見応えがある。顔から腹部は鮮やかな赤褐色で、上面は赤褐色に黒い軸斑が映える。夕焼けに染まったようで、溜め息が漏れる美しさだ。「灌木や草が疎らな乾いた山麓で、枯草や乾いた蘚類を敷いて営巣する」の記述から、美しい夏羽は迷彩の役目も担うのであろう。

　一夫一妻で繁殖するコオバシギ「両親が抱卵するが、大部分は雄が行う。孵化後の抱雛や世話を雄が行い、18日ほどで去る。雛は更に数週間留まる」だから、♂はとても忙しく、♀はそうでもないと思われるが、お節介であろう。

　その年に産まれた幼鳥の羽衣を幼羽という。幼羽には淡色の羽縁があり、内側にサブターミナルバンドと呼ぶ帯状の黒褐色模様を持つ種がある。オジロトウネンやサルハマシギも知られるが、コオバシギの幼羽は殊の外美しい。

　コオバシギは“ぽっちゃり”とした愛らしいシギだ。ただ、鳥も子育てには疲労し、負担の大きい♀親はやつれる。だから、産卵後に解放される♀なら所帯染みず“ぽっちゃり”は保たれて、♂も働き甲斐があるであろう。

ホトトギス

託卵という選択

カッコウ目　カッコウ科　カッコウ属　L28cm　　　　　　　　玉野市(9月)

　生存競争の厳しい自然界への生き残りを掛け、ホトトギスは託卵という手段を選択した。生物には整然とした生態系が確立し、ホトトギスは組み込まれて人智の及ばない難しい役目を担っていると思われる。貢献できない生物なら、自然は躊躇なく淘汰して存在を許さないであろう。

『芭蕉を移す詞』の文中「たまたま花咲けども、はなやかならず。茎太けれども、斧にあたらず。かの山中不在の類木にたぐへて、その生たふおし」人の役に立たず、価値にそぐわなくとも存在価値を失う訳ではない。あるがままを愛でる、と芭蕉翁は切々と説いている。託卵鳥を非難するテレビ番組のうっ憤を、この文言を思い浮かべては独り慰めている。

　古人はホトトギスを無類に愛し、古典文学に見られる頻度は突出して多い。ちなみに、万葉集の鳥を詠んだ600首ほど中153首がホトトギスだ。

　カッコウ科の鳥に託卵習性があることは昔の人も承知で、野生生物の生き様を人の価値に照らして物言わぬことが、今の人とは違っている。仕方のないことを論じ、面白いものを無駄にするのはただの野暮だと心得ていたのだ。

　我が岡山でも1964年に県の鳥に指定したホトトギスを1994年にキジに変更した。託卵性のイメージの悪さが理由だ。野暮にもほどがあって、ライオンも可愛らしいバンビを噛み殺して食べるから、といっては話にもならない。

「夏山の木末の繁に霍公鳥鳴き響むなる声の遥けさ」万葉集 巻八 一四九四

チュウジシギ

難解な同定

チドリ目　シギ科　タシギ属　L27cm　　　　　　　　　　　　岡山市(9月)

　ジシギ類と呼ぶ、同定の難解なタシギ属５種がいる。アオシギは冬鳥として各地に、タシギは主に冬鳥として本州中部以南に、オオジシギは北海道や本州北部、各地の高原などに夏鳥として、ハリオシギ、チュウジシギ、は旅鳥として春秋に飛来する。同属近縁５種なので似通っている。しかし、別種だから違う部位があり、種にとっては重要で譲れないどこかだ。元は同一で、袂を分けた時期に形成した、ターニングポイントとなった部位があるはずだ。宝探しだと思えば、難解なほど楽しみは深まる。

　山間部の渓流などに生息し、青色味が感じられるのでアオシギは解り易い。出合うジシギ類の９割以上はタシギだから、残り４種からタシギを仕分けて次に進む。嘴の長短、眼の位置、眉斑の幅、羽衣の色、羽の模様、採餌場、羽縁、体躯などが微妙に違うけれど、比較しなければ意外に難しい。

　今日は写真による証明の時代だ。ジシギ類は昼間にも度々眠る。目覚めると伸びをするので、まず翼下面を写し、後はひたすら尾羽の撮影機会を待つ。羽繕い中も尾羽が写せ、運が良ければ枚数も読めるが、外側尾羽を狙う。脇羽、翼下面は白黒の縞模様で、タシギは白幅が広く、他は黒幅が広い。写真で見れば明らかで、タシギは外せる。ハリオシギの外側尾羽は極端に短くて細い。オオジシギの外側尾羽は黒と褐色のストライプで、チュウジシギは黒部分が多い。ジシギの尾羽は秘部なのか、中々見せず辛抱が要る。

脇羽を見せるチュウジシギ、白幅より黒幅の方が広い　　　　　岡山市（9月）

外側尾羽の色パターンにチュウジシギの特徴が窺われる　　　　岡山市（9月）

メジロガモ　　　　　　　　　　　　　　　　　白い虹彩

カモ目　カモ科　スズガモ属　L40cm　　　　　　　　　浅口市（11月）

　種名通り、眼の白いカモだ。中央の黒い一点が瞳孔で、他の部分を虹彩と呼び、鳥の眼の色とは虹彩の色を示す。ご承知の通り、人類の虹彩も多様だ。人の目は虹彩外側の強膜（しろ目）も露出し、鳥の白い眼とは部位が異なる。

　ちなみに、メジロも目が白い小鳥で差し支えないが、虹彩は褐色だ。眼の周りが白く目立ち、その印象が種名の由来となっている。

　メジロガモは小振りのカモで、濃淡はあるが全身赤褐色で飾り羽もない。ただ、赤褐色のあちこちに白い部位を添えて、存在感を演出している。翼上面の翼帯、翼下面、腹部、下尾筒、腮、虹彩、以上の部位が白い。この内、確認し難いのは腮だ。メジロガモの分布域が遥か中近東から北アフリカなので、出合えば一期一会と考え、根気良い観察を勧める。腮は下嘴の付け根部分で、喉の上部になる。月（にくづき）に思を添えた「腮」を音読みのサイと読ませて、鳥類の下嘴付け根部分の名称に充てている。幾種かにとって、重要な同定箇所でもある。近縁種のアカハジロも虹彩が白く、腮には同様の小さな白斑がある。秘め事を仕舞い込むなら、腮が好ましい。

　鳥類は異性の関心を得る目的から羽衣を飾る。極彩色を纏うオシドリ、奇抜な配色で強烈な印象を与えるシノリガモやトモエガモ、飾り羽と繊細な文様に仕上げるヨシガモなど、カモ類の戦略も様々だ。メジロガモは赤褐色一色に拘る。春の飛去前には磨き上がり、妖しい光沢を放って輝いた。

翼を広げると白い翼帯が目立つメジロガモ　　　　　　　　　　浅口市（11月）

白い虹彩と腮の白斑が目立つ　　　　　　　　　　　　　　　浅口市（11月）

ツツドリ

毛 虫

カッコウ目　カッコウ科　カッコウ属　L32cm　　　　　　　玉野市(8月)

　日本で繁殖確認された托卵鳥（トケン類）4種は共に鳴声が種名の由来で、ホトトギス、カッコウ、ジュウイチは初夏には樹冠で鳴き、姿も見られる。

　ツツドリは"ポッ、ポッ、ポッ"と筒を叩くような鳴声が森の奥から聞こえるだけで、正体が知れるまでは不気味に感じたろう。種は通常の青灰色型に、少数の赤褐色型♀個体を抱えている。その、有るはずの「利」が見えない。人にはまだ不可解な生態の謎で、だから鳥好きの興味は尽きない。

　夏も終わる頃、公園の桜に付く毛虫を食べにトケン類が飛来する。ジュウイチは稀でカッコウは少ない。ほとんどがホトトギスとツツドリで、共に赤褐色型が交じっている。それぞれ幼鳥と成鳥とが混在し、怪しいのを皆が勝手に同定するから、しばしば3種に主張の分かれる個体が登場する。仲間内のことだから互いに笑い合って、それも恒例の楽しみとなっている。

　ツツドリが毛虫を食する手順は決まっている。毛虫を咥えると、移動させながら数か所を噛み砕く。すると、毛虫の腹部辺りが千切れて緑色の体液が滲み出る。毛虫の端を咥え直し、思い切り振り回す。糞と、毛虫が食べて未消化の桜葉が飛び散る。毛虫は無毒で、刺さないから一気に呑み込む。

　8、9月頃に大発生してトケン類を引き寄せる毛虫はモンクロシャチホコという蛾の幼虫で、堅くなった桜葉を好んで食べる変わり者だ。昆虫料理研究家も推奨するほど美味だというから、鳥にも味が解るのであろう。

ツバメチドリ

チドリ目　ツバメチドリ科　ツバメチドリ属　L25cm　　　　　　　　　　岡山市(10月)

　秋にはツバメチドリが近くの農耕地で1週間ほど羽を休め、南の越冬地へ
と旅立つ。ツバメに交じり晴れた日は高く、雨の日には低く飛んで虫を捕る。

　午後になり、にわかに湧いた黒雲が陽光を遮り、風を伴って雨を降らせた。
冷たい雨は体温を奪う。耕した黒土を選んでツバメチドリは降りる。窪地に
身を屈めて脚を折り、揺すりながら体を抱えるように翼を畳んで眼を閉じた。
動かなければツバメチドリは黒土に消える。しばらくは黒雲がこの地に棲む
全ての者を鎮圧し、塵埃の浮遊も許さない。ツバメチドリは地に滲みる時間
だけを冷える体に感じて、ただ耐えた。時間は無用に延びて若い個体の焦り
を誘う。受け入れる鷹揚さが成熟した証だ。
　しばらくして、陽光が容赦なく黒雲を突き抜け、厚い雲を西から追い立て
た。雨を引き連れ、黒雲は漸く東へと向かった。光は邪気を消し、温もりを放
って一面に輝いた。力強く立ち上がったツバメチドリの体を水滴が流れ落ち
た。翼を震わせて水気を払い、残る冷気は体温と陽光が湯気に託して消した。
　黒い瞳は希望を吸いこんで輝いている。遠く南西を見やって迷いはなく、留
まる理由も今はない。ぱっと長い両翼を広げた瞬間に飛び立ち、青空に幾つ
かの輪を描いた。それから一気に上昇したツバメチドリは、遥か南西の空に
黒い一点の印象を残して飛び去った。

ミサゴ

豪快な狩り

タカ目　ミサゴ科　ミサゴ属　L♂54cm♀64cm　　　　　　　倉敷市（11月）

　ミサゴは魚類を捕食する一属一種のタカで、ほぼ全世界に分布している。上空で狙いを定め、翼をすぼめて急降下すると一気に魚を掴み捕る。寸前に両脚を突出し、爪を開いたまま魚めがけて全身水没する、という豪快さだ。

　営巣は海岸の岩棚や山地の樹上、近年は送電線の鉄塔など、厳格に選定するタカ類には珍しく鷹揚なところがある。英名が、何かと話題のOspreyだ。

　岡山はミサゴの多い地域で、冬の児島湖では30羽前後は普通に見られる。四角い県の南一面が瀬戸内海沿岸で、一級河川3本が北から南へ流れている。したがって、漁場には事欠かない。ミサゴには棲み好い環境なのである。

　県の鳥は前がホトトギスで今はキジだが、ミサゴが相応しいと考えている。世間の認知がキジに及ばず残念だが、安易にキジを頼るのは桃太郎のお供をしたからで、鬼なら姿を変えて現代にも跳 梁 跋扈している。今一度、桃太郎が鬼退治に出向くなら、お供にはミサゴを推奨する。上空からの偵察は秀逸で輸送経験は豊富だし、燃料も自前で団子は欲しがらず、墜落などの心配も不要です。戦闘力もさることながら、気品ある面構えも申し分ない。

　国と2県を背負ったキジは過労気味です「疲れた体で良い仕事はできねぇ」はアニメに登場する飛行機乗りのセリフで、正論は豚も鳥も人にも通じる。

　狩場近くのアシ原に澄んだ水溜まりがある。浅瀬でぬるま湯だから、狩りの後に次々と訪れる。身も心も洗い、ミサゴはリフレッシュして塒へ向かう。

スズキを掴んで飛び立つミサゴ　　　　　　　　　　　　倉敷市（11月）

脚を突出し、捕食態勢のミサゴ　　　　　　　　　　　　倉敷市（11月）

再びミサゴ

若鳥の無謀な狩り

タカ目　ミサゴ科　ミサゴ属　L♂54cm♀64cm　　　　　倉敷市（11月）

　岡山には北の中国山地から南の瀬戸内海へと注ぐ3本の一級河川があり、西寄りに高梁川がある。河口近くの潮止め堰は季節毎の魚で溢れる。格好の狩場だから飛来するミサゴも多く、季節にはカメラマンが並んでいる。午前には左岸から、午後には右岸から陽射しを背に受けて至福の半日を過ごす。

　この堰に集まる魚種では、春に遡上するアユやサツキマスは季節の珍味。スズキ、クロダイは上物で、絵にもなる美しい獲物だ。メーターサイズのダツは最も危険な相手だが迫力十分。コノシロの群れが回遊すれば入れ食い状態となり、2尾、3尾を掴むそうだ。他の汽水域と同様に最も魚影の濃いボラなのだが、成鳥は狙わず捕獲するのは若鳥だけらしい。急降下して一気に水没する豪快なミサゴの狩りには、迫力ほどの危険が伴う。だから「どうせなら旨い魚を捕るぞ」と選別するふしがある、とは某カメラマンの穿った推理だ。

　常連の「ミサゴも納得の一枚」を拝見した。獲物を掴んで飛び立つ瞬間を正面から激写し、婚姻色に彩られたサツキマスが水しぶきの中で輝いている。

　一羽のミサゴが水飛沫を立てて消えた。漸く浮かび上がったが、飛び立てない。両翼で水面を叩き、もがいている。巨大なボラの頭が覗き、暴れてミサゴが沈む。「危ねぇ、放せ！」誰かが叫ぶ。必死の形相は鳥にも表れる、と初めて知った。運よくボラが外れ、命拾いをして空中で身震いするミサゴは若く、能力を超えた危険な狩りだった。試練の狩りは見る者も息を呑む。

コバシチドリ

夕暮れの呻き声

チドリ目　チドリ科　チドリ属　L21cm　　　　　　　　　倉敷市(11月)

　夕方「コバシチドリ飛来」の情報が我が家に舞い込んだ。私と家内は喜び、浮足立った。嫌な予感に、同居犬グリは不安顔。「明日の早朝に出かけよう」私の提案は、まことしやかな理屈を聞かされ却下。曰く「鳥見に明日は無い」

　不運にもグリちゃんの予感は的中しお留守番、代償の竹輪1本にも苦り顔。道中1時間、すっかり陽は落ちて辺りは暗かった。家内は諦めないこと人後に落ちない。おぼろげな月明かりを頼りに望遠鏡を覗きながら「ここにいる」。

　翌日から早朝に出掛け、終日の観察を続けた。コバシチドリは水際の浚渫土が盛り上がった陰にうずくまって眠る。陽が高くなると動き始め、ダイゼンとキョウジョシギを頼っては追い払われる。幼羽が残る羽衣から、第1回の冬羽だ。越冬地北アフリカへ向け、初めて挑んだ長旅の道半ばなのである。

　突如走り、意外にもスベリヒユを食べ、次いでクローバーの葉を食べた。道端の草に群がるユスリカは、小走りに動いて慌ただしく啄んだ。日中はお決まりの場所に戻って永いお昼寝。首を埋めて丸い。評判の眉斑はふかふか、小さな嘴に黒い瞳。胸にお洒落なV模様。婦人たちは可愛いと呟く。実は寂しい境遇なのに。夕方、遥か彼方の空をみやり、か細い声で鳴いた。不意に翼を高くかざし、再び鳴いた。寂しい声に動揺した。辺りは黄昏、景色を焼いて陽が落ちる。長い茜雲が幾つにも別れて消えていく。美しいのに切ないね。

　観察者の感想「黄昏て 茜の空に 千切れ雲 鳥に嗚咽の声あるのかも」。

ハイタカ

スペシャリスト

タカ目　タカ科　ハイタカ属　L♂32cm♀39cm　　　　　　　　　岡山市（3月）

　小鳥類にとって、ハイタカという小型の猛禽は「恐怖の鳥」なのであろう。ハヤブサの獲物を追う速度や、オオタカの圧倒的な威圧感も脅威だが、ハイタカの獲物を追う執拗さから受ける恐怖感には到底及ばないはずだ。

　広いフィールドをジグザグに飛びながら、ハイタカが小鳥を猛追していた。逃げる小鳥は、枝葉の茂った立木を選んで飛び込んだ。躊躇なく、ハイタカが葉を散らして続いた。小鳥は立木を飛び出し、つる草で覆われた草むらへ潜るように逃げ込んだ。もう無理、と思われた瞬間 "ボソッ" という鈍い音を残してハイタカが草むらに消えた。草が荒々しく揺れて、一瞬静まった。再び揺れて、アオジを咥えたハイタカが姿を現した。決して諦めない、執念のような狩りだった。

　早朝、住宅の軒先にスズメが5羽寄り添っていた。傍の雨樋をカサカサと音を立てて親鳥が跳ね回っていた。その穏やかな風景を矢のような黒い一筋が裂いて「恐怖の鳥」が降り立った。スズメとは1mほどで、逃げる一瞬の判断と勇気を恐怖が奪った。親鳥だけが喚くように鳴き続けた。ハイタカはまず辺りを見渡し、自身に危険が及ばない状況を確認した。その時が僅かで儚いチャンスだったが、子スズメは硬直して動けなかった。ハイタカが近寄り右足で1羽を掴んだ。小さな羽毛が散って風に舞った。子スズメは力尽きる前に二度、三度と羽ばたいた。その隙に他の子スズメは逃げて救われた。

再びハチクマ

タカ目　タカ科　ハチクマ属　L♂57cm♀61cm　　　　　　　　　伊方町(9月)

　秋のタカ渡り観察は、鳥好きには神事のように厳かな恒例行事である。青く晴れ渡った秋空に渡りの到来を告げるのはハチクマだ。後に続くサシバが数では勝るけれど、観る者を飽きさせない多様さと圧倒的な存在感で、渡りの主役は何といってもハチクマだ。渡り行くハチクマを眺めていると、不意に人生が重なる。苦楽が脳裏に浮かび、小さな雲みたいに消えていく。「春には帰ってこいよ」と、思わず口走る。無事を願わずにはいられない。

　旅立つ若者（幼鳥）の羽衣は、新卒者に誂えた新調スーツを彷彿させる。羽衣には欠損の一枚もない。風を効率良く受けて長旅を無難に果たす、親鳥からの最愛の贈り物だ。不揃いな風切羽や欠損が目立つ個体は、全て成鳥だ。飛翔効率の悪い風切羽や尾羽での渡り開始には、我々には理解の及ばぬ利が待ち受けているのであろう。特殊な餌（蜂類の幼虫）との関わりか、あるいは秋に西へ吹く風を捉えるためか。リスクを負っても止まぬ衝動はどこから来るのだろうか、ハチクマは不可解な謎の多い鳥だ。

　ある年、頭上近くをハチクマが通過して喜ばせた。成鳥だけの一群だった。ハチクマには性別だけでなく、羽衣が作り出す濃淡と模様、更に虹彩にまで多様さがある。したがって、個体識別が可能だから、名付けて記憶に留める。

　写真の黄金虹彩の成鳥♀は、胸から腹部の胡麻を撒いた模様と換羽中の外側尾羽が印象に残った。なので「ゴマバラフリルスカート」の貴婦人である。

141

ナベコウ

情報発信

コウノトリ目　コウノトリ科　コウノトリ属　L99cm　　　　　　　小野市(11月)

　2003年の秋、頭上低空に突如現れ、ゆっくりと旋回しながら高度を上げて
西へ向かった。それが出合いだった。数日後、西へ1kmほどの収穫後の田圃
に若いナベコウがいるという連絡が入った。早朝に出向くと、ナベコウは用
水路の溜まりの小魚を夢中で漁っていた。頭を低く構えて大きな嘴を左右に
振り回し、何かに触れると食らい付くという少々乱暴な採餌方法だった。ダ
イサギやアオサギまで近寄らず、溜まりの外で事態の推移だけを窺っている。
　立ち込めていた朝霧が薄れると、カメラマンが集まり始めた。10時頃には
不審な状況の正体が「珍鳥」だと知った近所の人々が見物に加わった。午後に
は県外の車が目立ち、確認情報を発信した。すぐに農耕地傍らの長い駐車ス
ペースは埋まり、農道の路肩へも車が並んだ。駐車を巡り、怒号が飛び交っ
た。付近の交通は混乱して、農作業も妨げた。この頃から、発見した者の責
務の思いに駆られ、珍客を楽しむ意欲は萎えた。「収穫後の藁を焼き払う」そ
の火付けを日延べするという農家の寛容さにナベコウは救われ、3日後には
溜まりの小魚を空にして移動した。後には空き缶や弁当の屑、千切れたビニ
ールに紙屑が散乱し、恥ずかしい光景を曝け出した。ナベコウは広い農耕地
を転々と20日間滞在し、散々迷惑を掛けたにもかかわらず地元からの苦情は
聞かれなかった。某カメラマンの「稀なコウノトリで、幸せを運ぶ鳥です」が
功を奏し、近隣の支持を得たことにもよる。兵庫での再会には10年を要した。

秋晴れの上空を悠々と舞う、ナベコウ幼鳥　　　　　　　　　　小野市（11月）

干上がった池の荒地に舞い降りた、ナベコウ幼鳥　　　　　　　小野市（11月）

ミヤコドリ

波打ち際

チドリ目　ミヤコドリ科　ミヤコドリ属　L45㎝　　　　　　　　松阪市（10月）

　黒い上面と白い下面に赤い虹彩、嘴、脚部が映えて艶やかな水辺の野鳥だ。波打ち際を潮位に合わせて飛び交う。一斉に白黒が反転する群れの飛翔は、溜め息が漏れるほど美しい。「都鳥」の名に相応しい華やかさが感じられる。

　この野鳥に接し、特異な習性や分類などに囚われず、「都鳥」という情緒的な鳥名を残した古人に感謝する。習性や分類は重要だけれど、別途考慮で構わない。遊び心を捨てたのでは、野に出る甲斐もない。ただ、しかし、二枚貝などの好餌攻略に特異な習性を見せるこの鳥の英名が "Oystercatcher" とは的確で興味が湧く。出合えば、誰もがカキ採餌の観察を切望する。

　ある文献に「わが国には、昔は全国に冬鳥として渡来したようであるが、現在は少数が稀に渡来するだけである」との記述があり、波打ち際を群舞した往時の繁栄が忍ばれる。世界の分布域内の島国に稀なのは、充分な採餌が出来ないからで、砂浜や砂泥地が埋め立てで沿岸から消えた現状では貝も棲めない。日本経済繁栄の代償で、遊ぶ時間ばかりか場所も失った。

　「遊戯が人間活動の本質であり、文化を生み出す根源である」と考察し、ホモ・ルーデンス（homo ludens）の概念をオランダの学者ホイジンガが提唱してまだ80年しか経ってない。今日では「ヒト」はホモ・サピエンス（homo sapiens）と呼び「知恵ある人、賢い人」の意であるそうな。よく、よく、見ると疑わしい。せめて、余生はホモ・ルーデンスとして生きていたい。

ムギマキ

麦蒔きという呼び名

スズメ目　ヒタキ科　キビタキ属　L13cm　　　　　　　　　赤磐市（10月）

　日本の野鳥を代表するキビタキの近縁種で、喉から腹部が橙色で眉斑が白いことが、いずれも黄色いキビタキとは違っている。春に日本海側を島嶼伝いに北上し、秋には列島を南下して各地に姿を見せる。主にアムール川流域で繁殖し、東南アジアで越冬するためだ。近縁同士は餌や営巣場所の好みが似て争いとなる。なので、一地域一属一種の棲み分けが成立している。だから、日本列島周辺に留まるキビタキより体長で5㎜劣る下位のムギマキが、北へ追われて長い渡りを強いられる。選択の余地のない、厳しい自然の掟だ。

　カラスザンショウは伐採跡などの裸地を好む先駆植物で、山裾に開墾された農耕地の林縁にほど好い木陰を作る。農作業の合間には寛いだであろう。秋には房状の実が弾けて黒く熟した種子が現れる。サンショウに似た強い香りを放ち、多様な野鳥を惹き寄せる。ビタミン補給か、ヒタキ類も実を啄む。

　キビタキ、オオルリに少し遅れてムギマキが姿を見せる。農作業は麦を蒔く頃で、いつしかムギマキと呼んだのであろう。麦蒔き時期が北海道では早く、九州では遅い。ムギマキ飛来と重なるのは本州中ほどの地域であろうか。

　種名から、農作業合間の木陰での長閑な山合いが想像されて心地良い。ムギマキの濃い配色の羽衣と相まり、深まる秋が感じられる好い種名かと思う。

　♀や幼鳥は上面がオリーブ褐色、喉から腹部は淡黄褐色で柔らかい感じを受ける。古名の「はんなり」には（ムギマキ若鳥）との添え書きがある。

ヤマガラ

冬 の 備 え

スズメ目　シジュウカラ科　コガラ属　L14cm　　　　　　　　　　備前市(10月)

　近場の山頂で秋のタカ渡りを観察中、傍の雑木に熟したアケビ（木通）を
見つけた。案の定、喧騒な鳴き声を発しながらメジロが数羽来た。争いなが
ら果肉を啄んでいる。黒い種子を包んだ白い果肉を丸ごと啄み、苦しむよう
に種子を吐き出す。秋の定番ともいえるメジロの採餌風景だ。突如 "ニィー、
ニィー" と鼻に掛かった鳴き声と共にヤマガラが登場するとメジロが散った。
ヤマガラが有利なのは明らかで、メジロとは争いにもならない。種子を果肉
ごと啄み出すと足指で掴み、剥ぐようにして果肉を食べ終えると黒い種子を
咥え直し、傍らの地面に埋めた。食糧の乏しくなる冬に備え、貯食したのだ。
　幼い日の記憶が 蘇 った。祖父が飼っていたヤマガラは堅いおのみ（麻の
実）を掴み、ノミのような嘴で殻を突き破って食べていた。堅い種子を食糧
に変える頑強な嘴を持っている。メジロの繊細で湾曲した嘴は堅い種子では
なく、鳥媒花のツバキやサザンカに向いている。受粉作業の代価に甘い蜜を
もらい、厳しい冬を乗り切る。ヤマガラとメジロは生き方が違う。間もなく
到来する冬場の景色も違って見えるだろう。備えを要するヤマガラと、鳥媒
花との密約を持つメジロでは冬季の厳しさが逆転する。
　まもなく、シジュウカラを軸にヤマガラ、メジロ、エナガ、コゲラが混群
を形成し、2種も利を求めて加わる。生き方の違う5種が行動を共にするた
めに「分を弁える」という人にも難しい壁を、彼らは普通に乗り越えていく。

ゴジュウカラ

スズメ目　ゴジュウカラ科　ゴジュウカラ属　L14cm　　　　　　　　鏡野町(11月)

　ゴジュウカラが最新（鳥類目録第7版）の分類で、カラ類からは50種以上も離れた後方に位置を変えた。分類は前ほど古く、後ほど新しい系統の順に列記されている。ゴジュウカラは他のカラ類とは一味違う、と常々考えていたので、根拠も知らないまま妙に納得させられた。

　近場では県北のやや標高のある森林で観察される。冬季にも、多少の降雪くらいでは里へは降りない。雪を掻き分けて山を訪ねると、ゴジュウカラばかりが目立つ。枯枝の雪に埋もれない下面の割れ目から、種子を取り出して食べている。貯食の習性があり、秋に貯えたのだ。備えあれば憂いなし、という訳だが中々難しいことです。私などもこの年になり、やっと気付くナナジュウカラだから、もう間に合いません。ゴジュウカラは見上げたものです。

　繁殖期、巣は樹洞やキツツキの古巣を利用する。いわゆる、洞穴借用型だ。借用に際し、内部の掃除や手狭なら洞をほじくって広げる。なお、不必要に広い出入り口は泥を使って狭める。快適と安全確保を目的にリフォームするのだ。多くの種に見られる♂ではなく、♀が一切を受け持つ。♂は♀確保の手段に労働する種も多い。邪な考えがない分、♀の巣作りが安心であろう。

　ゴジュウカラは樹木の表面を自在な方向に動き回る。幹を逆さまに向き、他の鳥には見えない景色を見る。角度で物も違って見えるから、日頃の習性がとかく試行錯誤させて、色々と思い付くのであろうか。

忍耐の時

オシドリ

カモ目　カモ科　オシドリ属　L45cm　　　　　　　　　　岡山市(1月)

　以前は、仲睦まじく終生変わらぬ恋仲の夫婦を「オシドリ夫婦」と喩えた。久しく聞かないのは、テレビの動物番組などでオシドリの現実は面白可笑しく取り扱われ、その習性などを人々が周知したからで、野生動物の日常を知って意外に感じることも多くある。

　一般にいって、鳥類では雌雄の外見が似通った種の番関係は安定している。例えばハクチョウやツルの仲間、身近な種ではカラス類やスズメなどがいる。繁殖期以外の越冬期にも行動を共にし、いずれかが落鳥するまで生涯連れ添うと考えられている種が多い。繁殖期を前に番の絆を確かめるとすぐに繁殖行為が可能で、貴重な時間を子育てに注ぎ込める利がある。

　オシドリなど、カモ類の殆どの♂が着飾っている。♀の好意を期待しての投資なのである。次第に高じて、今のオシドリ♂のようになっている。人の目には華やかで楽しいが、投資が無駄に終わるほどの恋愛事情が待ち構えている。♀は、より良い♂の子孫を残そうと番相手の選択には手厳しい。♂は漸く♀の同意を得ても、より魅力的な、あるいはより有能な♂の接近を阻まなければ♀を失うと心得ている。したがって、空腹にも耐え、四六時中♀に纏わり付いて♀の前後左右を泳ぎ回り警戒を怠らない。♀は高い望みを抱き続けても繁殖可能な期間は限られ、最後には時に終息を告げられて繁殖入りする。♂はその時まで、人目には甲斐甲斐しく映るであろう行動を取り続ける。

ウソ

スズメ目　アトリ科　ウソ属　L16cm　　　　　　　　　　　　日野町(1月)

　ウソは春先に木々の新芽を啄む。殊に、春には花の下で楽しもうと丹精込めた桜の花芽も啄むから、鳥好きの私などは弱る。鳥にいって聞かせる訳にもゆかず、気の毒に思いながらも「好きなので」は、何ともし難い。春先になると公園の桜木の元に自然に足が向く。"フィー、フィー"という口笛を吹くような鳴き声を頼りに、喉の赤いウソを求めて巡回する。ウソは群れて、黒く、短く、丸みを帯びた艶のある嘴を絶え間なく小刻みに稼働させ、不必要な残骸を小雨のように降らせる。思わず、周囲を見渡して息を呑む。そうして、小声で「沢山食べて、早く飛んでいけ」と祈る。

　日本で確認されているウソは３亜種で、国内で繁殖する亜種ウソは喉と頬が赤く、胸から腹の灰色との境界が鮮明なことで判別する。喉や頬の赤色が僅かの灰色を加えて濁りながら下腹部へ繋がるのが亜種アカウソ（写真）で、喉や頬の赤色が彩度を失わずに下腹部の白い羽毛に連絡するのが亜種ベニバラウソである。東シベリアから西洋域が主な分布域のベニバラウソに出合う確率は極めて低い。ゆえに、積年の思いが募る。だから、油断すると赤味の強いアカウソがベニバラウソに名を変える。大雨覆い先端の鮮明な白斑や下腹部から下尾筒と腰の白さも見落とせない。アカウソの外側尾羽裏側の白い軸斑も分別の手掛かりだ。冬の私は、気合いを込めてアカウソを篩にかける。

　いつの日か出合うベニバラウソが「真っ赤な嘘」にならないために。

キクイタダキ

菊 の 冠 羽

スズメ目　キクイタダキ科　キクイタダキ属　L10㎝　　　　　　玉野市（12月）

　日本の野鳥最小種で、体長10㎝ほどで体重は4〜6gしかない。ちなみに、スズメは体長14〜15㎝で体重24gほどである。その軽さが際立っている。

　人が日常で扱い慣れた物だと1円硬貨が1gなので、5枚重ねてテープで束ねて糸で吊るし、手の平にゆっくり落としてみた。人は、その感触からキクイタダキの重量を確かめられるほど繊細な動物ではないと理解した。そして、手に止めるなら手の甲の方が数段も敏感だし、掴まないという意志が伝わる。だから、そうすべきだったと以前に餌を求めて手に止まった摩周湖のウソに思いを馳せ、今更ながらも悔やまれる。

　冬季、キクイタダキは松などの針葉樹で、冬眠しないクモ類などを求め、樹皮の間や松葉の込み入った箇所を活発に探し回る。身軽いから樹冠や、掴まるのが難しい葉裏などもホバリングして採餌する。メジロは重過ぎて避け、長い尾羽でバランスを取るエナガも難儀をする柔らかい小枝の先は、極めて身軽なキクイタダキ専用の採餌箇所となる。自然には、か弱き者も身が立つように巧みな仕組みが至る所に施されている。

　頭頂に菊の花を戴いている容姿なのでキクイタダキ（菊戴）の名がある。西洋では黄金の冠に見立て "Goldcrest" と呼ばれている。松を好んで樹冠に止まり、いずれも縁起と品位を兼ね備えて既に充分なのに、ぱっちりとした目元が愛くるしい。だから、私はお正月の玄関に一枚飾っておく。

アリスイ

キツツキ目　キツツキ科　アリスイ属　L18cm　　　　　　　　岡山市(1月)

　岡山市街地の中ほどを旭川が流れ、中洲に岡山城主の庭園（後楽園）がある。旭川の氾濫に備え、市街地上流に分水路を設けている。全幅が当時の表示法で百間（180m余）であったから、百間川と呼ぶ。文豪内田百閒の名は、子供の頃に遊んだ日々を懐かしんで付けたといわれている。

　その百間川のアシや灌木が生えた水辺の環境がアリスイの越冬地となっている。独特な雰囲気を持つ鳥で、キツツキの仲間と知れても意外に思われる。

　種名通りアリ（蟻）が主食で、アリ食起源のキツツキとは食で繋がっている。前後2本に分ける足指の構え方や、尾羽で体を支えて長い舌を使う採餌などは似ている。違いはアリスイの木に穴を掘らず、爬虫類に似た奇妙な姿だ。

　ある時、アリの巣穴に張り付き、無心に採餌するアリスイを間近で見た。だから、「鳥類の祖先が恐竜である」という話に異論は無い。"キュル、キュル、キュルリー、キー、キー、キー"とモズに似た声で鳴く。灌木の樹冠にモズが止まり、幹の下方にアリスイという光景を度々見るので、何かしらの共生関係があるのではと疑っているが、証拠が掴めない。威嚇の時は「首をくねらせシュー、シューと鳴いて、ヘビを真似た擬態だ」といわれている。一度は見たい、私の「鳥類、特異な種の奇異な習性、第1位」だけれど、思いが募るばかりでまだお目に掛からない。真後ろで採餌様子を見守る私は虜になっている、アリスイは理解しているのか、勝手な振る舞いを許した。

シジュウカラ

スズメ目　シジュウカラ科　シジュウカラ属　L15㎝　　　　　吉備中央町(2月)

　副題に「野鳥」を添えるのは、身近な山野でも大概は出合え、まずこの種に出合って野鳥観察が始まる、と考えるほど思い入れの強い種だからだ。

　シジュウカラは東洋に限って分布する種で、中ほどに位置する日本列島には小笠原諸島と大東諸島を除く全域に分布し、一年を通して観察可能な留鳥だ。近縁種のヤマガラほどには人馴れせず、野生然とした習性も好ましい。

　4～7月が繁殖期で、一夫一妻が基本だが僅かに一夫二妻や一夫三妻の繁殖形態を選択する個体が存在する。種の存亡を見据えた、いざという場合の備えと捉えては穿ち過ぎだろうか。たかが鳥などと侮るなかれ、鳥は人が考えるよりもずっと思慮深い生き方をしている。

　英国BBCの自然番組プロデューサーとして名高いデービット・アッテンボロー著書『鳥たちの私生活』に驚嘆すべき記述があり、要約して引用する。「他種とのコミュニケーションの必要から共通語〝シー〟音が生まれ、本来は危険伝達目的なのに、餌の横取りにも悪用される……」等とある。

　西洋に限った話ではない。冬季にはカラ類が混群を形成し、シー音は普通に聴かれる。シー音の後、一斉に身を隠す中に独り慌てず行動する者がいる。大概の発声元はシジュウカラで、ヤマガラやメジロなどが大きな虫を見つけた瞬時にシーと鳴いて採餌を断念させる。混群上位種の横暴なのか、ただ、捕食者には好機を与える。だから、シジュウカラは一腹8～10卵で対応する。

キンクロハジロ

金の眼に黒い冠羽

カモ目　カモ科　スズガモ属　L40㎝　　　　　　　　　倉敷市（1月）

　黒い上面に金色の眼が印象的なカモで、羽を広げると白帯が目立つ。それらの特徴が並べられた解り易い種名だ。ただし、繁殖羽となった♂の装いだから、他のカモと同様に選ぶ側の♀は地味な褐色の羽衣を纏っている。

　一般的には、繁殖に向けた♂の飾った羽衣を夏羽と呼び、非繁殖期の羽衣は冬羽と呼ぶ。日本ならではの味わいがある言葉なのだが、カモは故あって、冬季に♀が繁殖相手を選ぶ。なので、♂は冬に夏羽となる。だから、カモ類は西洋風に繁殖羽と呼べば解り易い。美しく装えば目立ち、猛禽類などからの捕食圧は高まる。しかし、子孫を残すために♀に選ばれることが優先する。危険に晒すことは種に不利益だろうか？　あるいは♀は承知して、注意力や何より不可思議な能力である運の持ち合わせまでを確かめるのかと、♂でもある私などはつい穿った詮索をしたくなる。なお、上記のようだから、繁殖地で交尾を済ませた♂は早々に正装を脱ぎ捨てる。♀にも似た目立たぬ羽衣に衣替えをし、我が身の安全に務める。その羽衣を「日食」や「蝕む」を意味する英語でエクリプス "eclipse" と呼ぶ。身を隠すからであろう。

　冬季の水辺での鳥見はカモ類が主役で、キンクロハジロ、ホシハジロ、スズガモのハジロ３種の形成する大群が圧巻だ。カモに「海ガモ」「陸ガモ」の区別があり、３種は「海ガモ」である。狩猟鳥の対象だが、キンクロのためにも断っておく。「海ガモ」は臭みが強くて不味い、とは某料理人の評価です。

カワガラス

スズメ目　カワガラス科　カワガラス属　L22㎝　　　　　　　　鏡野町(1月)

　渓流とか清流は川の流れへの人の褒め言葉でもあって、大概は外から眺めて清々しい印象を受け、それ故に人々の鑑賞の対象でもある。一方で、川の内側にも生態系という価値が存在する。外からは判断が難しい事情もあって、だから「水清ければ魚棲まず」の諺もある。なので、カワガラスのように川辺の環境に成立した生態系の頂点に生きる生物が豊かさの指標になる。時には鑑賞よりも人の生活には有意義な評価をカワガラスの存在が示す。

　カワガラスの主要な餌はトビケラ、カワゲラ、カゲロウ等の水生昆虫の幼虫で、いずれも河川の汚染には敏感な生物だ。更に、カワガラスは川辺で生涯を過ごすために河川域に特化した日常を形成し、離れては生き残れない。川辺の環境に種の存続を託した小鳥なのだ。世界に視野を広げても、カワガラス科は１属４種、あるいは５種からなる非常に均質な小さなグループで、ユーラシア大陸や南北アメリカ大陸の広い分布域に生息する。だから、日本に限らず、川の豊かさの指標ともなる。渓流や清流にはヤマセミやカワセミも共存して、見た目の華やかさから話題に取り扱われ易いけれど、ヤマセミは既に個体数が激減し、生息環境が偏り過ぎて指標には向かない。カワセミは種の覚悟でも見せるかのように、劣化した水辺にも進出している。

　私たちはもっとカワガラスという生き物を信じて良い。あるいは、カワガラスが棲むのだから、と地域の川辺を誇っても良いのではないだろうか。

エナガ

スズメ目　エナガ科　エナガ属　L14㎝　　　　　　　　　　　玉野市(12月)

　エナガは全長14㎝でスズメほどの体躯表記だが、柄杓の柄（名の由来）のように尾が長いからで、体重8gほどの小鳥だ。ちなみに、スズメは24gほど。

　ビーズ1粒を取り付けたような眼と短い円錐形の嘴は、アブラムシなどの小さな虫を啄む適応であろう。虫は風を受ける樹冠や枝先など、留まり難い箇所に多く、採餌は困難を極める。ただ、困難は餌を巡る争いを軽減させる。

　極小サイズの虫は掴み難く、腹を満たすために気忙しいほど食べる。その採餌場は不安定極まりないから、長い脚と尾羽でバランスを取っている。度々、逆さに吊り下がり、揺られながら採餌する。エナガは他種が避けた採餌の難しい環境に活路を求め、適応しながら進化と繁栄を続けている。

　冬季にはカラ類などと混群を形成し、先陣を切って樹冠を担当する。次に続くメジロよりも立場は下位で、先陣の樹冠には猛禽類からの負荷が掛かる。エナガは群れて絶えず動き回り、猛禽に的を絞らせない。それでも、危険極まりないから捕食される。エナガはその対策に、一腹7〜12卵の子沢山で対応する。育雛には度々ヘルパーを登場させ、種が個体の不足を補っている。

　日本で見られる最も精巧なドーム型の巣は、苔を蜘蛛の巣で編む。産座には羽毛が敷いてあり、まるで美しい羽毛ベッドだ。一見の価値がある。

　ある年の初夏、道東での登山途中に亜種シマエナガに出合った。同行者が喩えた「割りばしの先に綿を絡ませ、命を吹き込んだ」懐かしく想い出す。

カヤクグリ

スズメ目　イワヒバリ科　カヤクグリ属　L14cm　　　　　　玉野市（2月）

　夏には亜高山帯で繁殖するカヤクグリが瀬戸内海に近い公園で越冬した。春先には人馴れし、鳥好きでも身近な観察は稀だから人気者となった。地味な羽色も、贔屓の目は渋い味わいを引き寄せるから美しく映る。反物の落ち着いた柄や色合いにも通じ、日本の固有種ゆえに「風土が育む美しさに違いない」とまで思われる。可愛い顔とはいい難く、真剣を通り越して気難しいよりまだ先の怖い目付きをしている。繁殖地が仮にも冗談なぞいわれない厳しい環境だから、一妻二夫の変則番で何とか遣り繰りして凌いでいる。なので「僕の子供ではなく、僕らの子供だから気楽」と考える向きには誤解だと断っておく。使命だと受け止めなければ務まらないほどに厳しい日々である。「強面？」そりゃ鳥だって、日常の暮らし向きが多少は顔に出ますよ。

　ある年の春先、里山散策中に聴き慣れない鳥の声に気付いた。導かれて谷沿いの脇道に入ると、沢に張り出した枯れ木の枝先にカヤクグリがいた。左右へ体を振り、私に驚いて飛ぶ方向を見定めている仕草が見えた。しまった、と後悔しながらも踏み留まって視線を落とし祈って耐えた。願いは時には叶うもので、再び"ティー、ティー、チリリ、チーチー、チリリリ"と鈴を振るような澄んだ鳴き声がし、恐る恐る視線を向けるとカヤクグリが鳴いている。

　胸の内を爽やかな風が吹き抜け、喩えようもなく心地良い。その囀りは、厳しい環境を凌いだ者だけが授かる清らかな鳴き声だと思われた。

コミズク

フクロウ目　フクロウ科　トラフズク属　L38cm　　　　　　　岡山市(1月)

　開けた環境の草地に渡来する中型のフクロウだ。発達した顔盤にはハート形の白い縁取りがあり、羽角と呼ばれる小さな耳状の飾り羽がある。金色の虹彩が周囲の黒い羽毛に映え、気品を備えた容姿はフクロウ界の貴公子みたいで人気が高い。近縁種のトラフズクが日没後の暗闇で活動を開始するのに比べ、まだ明るい内から飛び交い、時には日中にも狩りをする。比較的観察し易いことも人気が高い要因であろう。

　ミミズクとは羽角があるフクロウの総称で、ツクあるいはズクが古名であるからコミズクは小さなミミズクではなく、小さな耳状の羽角を持つフクロウほどの種名かと思われ、英名の "Short-eared Owl" からも窺われる。ただ、例外はどこにでも付き纏い、いつも話を混乱させる。アオバズクに羽角はなく、シマフクロウには見事な羽角がある。羽角だから、角に見立てるのであろうが、トラフズクなどは立派過ぎて兎の耳に似ている。

　コミズクは地上で正面から見るのと、飛翔時を横から見るのでは随分様子が異なる。横からだと輪切りの金太郎飴のようで、意外に思われるほど長い両翼と相まって妙な者を見る感じがする。だから、器量の判断なら「是非とも前から願いたい」とは頼まれもしない私の勝手な代弁である。

　ある時、偶然にも渡り途中の個体に遭遇した。長い両翼を広げ、スピードに乗り、流れるように西に向かった。貴公子らしく颯爽とした印象であった。

ジョウビタキ

スズメ目　ヒタキ科　ジョウビタキ属　L14cm　　　　　　　　　　岡山市（1月）

　今日、ジョウビタキの漢字表記は「常鶲」が一般的だが、古くには「上鶲」
や「尉ひたき」の表記も用いられていた。「上鶲」は『飼籠鳥』に「この鶲を
以て鶲中の最上となす」とあり「上等な、ひたき」が一般の評価だった。「尉
ひたき」の方は、尉が翁の意であり、年寄りという説明があるから、頭が灰
白色なので白髪を連想させ「尉（翁）の様なひたきである」と記している。

　ジョウビタキは身近な環境でも越冬し、人も恐れず近付いて出合いが多い
から、一層親しみが湧くのでもあろう。また、曖昧さのない羽衣の配色も好
まれたと思われる。目立つ次列風切羽基部の白斑から「紋付」の別称がある。
「ひたき」の語源は「火叩き」または「火焚き」で、火打石を叩き合わせる
音を示し、ジョウビタキが似た音を立てる。"ヒッ、ヒッ"とか"カッ、カッ"
と鳴き声とも思われない、人が指を折って鳴らす音にも似た乾いた音色だ。

　2012年に日本鳥学会から出版された『日本鳥類目録 改訂第7版』でヒタキ
科に分類される以前はツグミ科に属していた。ヒタキの語源となったジョウ
ビタキは「ヒタキではなくツグミ」と探鳥会の度に話したものだ。
「さえずりは、複雑で流れるような声で非常に長く美声である」と『日本野
鳥大鑑鳴き声333』中に記されている。以前は、冬鳥だから春先にぐぜる程
度で、成熟♂の囀りは聴かれなかった。地球温暖化がどうかしたとかで、日
本で繁殖を始めている。だから、日本産の美声が聴かれる日も近い。

ウミアイサ

カモ目　カモ科　ウミアイサ属　L55cm　　　　　　　　　　　　笠岡市(1月)

　求愛誇示を一般にはディスプレイと呼び、日本産の野鳥ではタンチョウの華麗な舞いが知られている。多くの種では♂が♀に受け入れてもらうために行い、♀による面接試験でもある。限られた資源（排卵）を使う♀には大事で、合否に際し、当然の如く容赦ない。♂には不足を訴える余地もない。

　熱帯地方には派手なディスプレイを披露する種も多く、テレビ番組を通じても広く知られている。ただ、華やかさや派手さを伴わないディスプレイも、想いを遂げようと全力を傾注する♂の一途な姿に変わりはない。種が難関突破を願って永年積み重ねた最終奥義も、一口に「我が♀の好み」ともいえる。

　ウミアイサ♀を5羽の♂が取り囲み、接近してざわめき始めた。尋常ではない、ディスプレイが始まる。自慢の飾り羽と思われた冠羽は畳まれ、目一杯伸ばし切った首を突き上げ、急に下げると再び突き上げて頭を揺さぶった。流れに身を任せ、振り向かない♀の視界内に急ぎ寄って開始するが、演技に手間取り遅れる。ライバルには突進して小競り合う。♂たちの涙ぐましい努力は長い楕円形となって、平然として動じない♀に続いている。赤い嘴を開閉する度に発する喚き声はラブコールなのだ。不意に♀が同調し、2羽が輪から抜け出た。♂のディスプレイは極みに達した。本命♂の個別第二次審査開始だ。♂は限界まで突き上げた首を悲鳴と共に海中へ沈めて見せた。神様！連日の求愛で冷静沈着な判断力が備わった♀の心は乱れず、静かに離れた。

トビ

タカ目　タカ科　トビ属　L♂59cm♀68cm　　　　　　　　岡山市（12月）

　トビは最も身近な猛禽であり、その個体数も多い。晴れた日には上空を"ピーヒョロロロ"と鳴きながら円を描いて帆翔するのを見る。両翼を広げると160cm（翼開長）だから、日本女性が両手を広げたほどの大きな鳥でもある。

　鳥好きの中には殊の外猛禽類を好む「鷹好き」がいるが、トビは対象外にされる場合がある。トビが猛々しい狩りをせずに動物の死骸を漁り、水面に浮いた魚を食べる、いわゆる「スカベンジャー」が理由であろう。

　スカベンジャーは生物学では腐肉食動物を示し、テレビ番組からハイエナやハゲワシが知られる。日本の鳥類ではトビ、カラス、カモメなどがいる。スカベンジャーは掃除屋でもあり、その採食行為がなければ広範囲にあらゆる動物の死骸が散らばる。人目に汚いだけでなく、衛生面からも放ってはおけない。死骸処理という自然界の重要な役目を担っている。ちなみに、トビが食べた後に跡形もないのは、最終的かつ最大勢力のアリが片付けるからだ。

　トビは死骸を食べるだけではない。カエルやトカゲ、ヘビなどの小動物の生体も捕食する。また、ミサゴやサギ類などが採餌に手間取ると、上空から窺い、しばしば略奪を試みる。傷ついたカモなどには襲い掛かり、バッタを狙って牧草地にも集合する。都市のゴミ捨て場も採餌場で、人の食べ残しを奪い合っている。漁港では廃棄される雑魚や調理後の粗を求めて群れている。種の存続と繁栄を願い、食を広げ、人に寄り添った結果だ。

アメリカヒドリ

複雑な子孫

カモ目　カモ科　マガモ属　L48cm　　　　　　　　　　　　　倉敷市(1月)

　アメリカヒドリは北米大陸北部で繁殖し、同大陸南部から中央アメリカで越冬する新北区分布型のカモだ。別世界であるはずの日本列島だが度々飛来する。日本列島にはユーラシア大陸高緯度の広範囲で繁殖するヒドリガモが多数越冬している。両種は採食行動が似て、飛来するとヒドリガモの群れに混在して越冬する。両種は繁殖形態も似ている。春には番形成のため♂たちによるグループディスプレイが見られ、両種は似た行動を展開する。鳥には充分かも知れないが、両種の♀は人の眼には同じように映るほど似ている。

　間違いが起こる要因が揃い、間違いといっては気の毒な恋でも、子孫の不遇を考慮し「間違い！」といわねばならぬ切ない恋だ。異論がある恋も、大事な子育ては同じだから子は育ち、やがてヒドリガモの池で恋をする。

　野生動物の常から、交雑個体は淘汰されて子孫を残す確率は低いと考えられている。その自然の掟をあざ笑うかの如く、2代、3代と思しき個体が相当数に達し、ついには第3種が交雑に加わった妖しい個体まで見る。「このまま増え……」危惧する頃、アメリカヒドリ♂の奔放な恋は破綻する。飛来は途絶え、やがて交雑の名残も♀の妥協のない好みによって消滅する。

　ある年の冬、アメリカヒドリの飛来が多く、近場の池にも飛来した。珍しく♀を伴い、番かと思われる。春になり、そわそわするヒドリガモ♂の群れにアメリカヒドリ♂が加わった。どうするつもりか、遠来の♀がいるのに。

163

オオカラモズ

縄張り

スズメ目　モズ科　モズ属　L31cm　　　　　　　　　　　　出雲市（1月）

　「猛禽類」の案内には「鋭い爪と嘴を持ち、他の動物を捕食する習性のある鳥類の総称」とある。モズ類は捕食に爪は使わない。だからか、猛禽類だけを束ねた図書では、タカ目、ハヤブサ目、フクロウ目を対象として、スズメ目のモズ類を扱わない。しかし、モズが小鳥を狩るのを目撃し、はやにえのスズメも見る。托卵中のカッコウがモズに殺された写真も現存する。いずれも猛禽と呼ぶに相当する行為であり、モズ類は「小さな猛禽」が相応しい。

　オオカラモズは中国北部から中部、朝鮮半島北部で繁殖し、中国南部で越冬する。日本からは近い分布域にもかかわらず、極稀にしか飛来しない。全北区の広範囲に分布する近縁のオオモズに酷似し、一回り大きい。白と灰色を基調にした羽衣に、過眼線、風切羽、尾羽の黒い配色が美しい大きなモズだ。

　ある年、島根の斐伊川河口付近でオオカラモズが越冬した。耕運機で耕された田にはカエルや餌となる昆虫も多く、その一角を縄張りにして越冬した。時折現れて採餌するとどこかへ姿を消す。そこへカラスやセキレイが現れて採餌を始めると、すかさず舞い戻って追い払う。縄張りを周知させるように。

　しばらくして、モズが隣接する農耕地の灌木に止まった。獲物を物色しつつも、何かに怯えて警戒を解かず、狼狽えるような素振りの後に飛び去り、オオカラモズが戻った。モズは猛禽類相手にも気丈に振る舞うけれど、同属の大型種と争う虚しさを理解するのであろう。

サンカノゴイ

アシ原の忍び足

ペリカン目　サギ科　サンカノゴイ属　L70cm　　　　　　　　出雲市(2月)

　サンカノゴイの漢字名は「山家五位」で、アシ原に生息するが少数なので
稀にしか見ず、人里離れた「山家の五位」と呼名したと文献にある。五位の
名を譲られるほどの近縁種ともいえず、ゴイサギよりも遥かに大きい。

　近辺では冬季にアシ原に飛来して越冬するけれど、開けた場所に出るのは
稀だから観察は難しい。夕暮れ時に水際で狩りをする姿を見掛けても、動き
を止めると見失うほどの紛らわしい羽衣をしている。

　狩りは忍び足で近付き、狙いを定めると気味が悪いほど首を伸ばして咥え
捕る。体勢が崩れないように、頑丈で大きく長い足指で足場を掴んでいる。

　上質な迷彩色に身を纏い、目立たぬように忍び足でアシ際を移動するのを
見掛ける。それでも不安が払拭できないのだろう、チュウヒやオオタカなど
がアシ原に影を落とすと、素早くアシに身を寄せて首を伸ばし擬態する。風
がアシを揺らすと、僅かに身を揺すり高度な擬態で凌ぐ個体もいる。

　繁殖期には遠くまで響き渡る"ウォー、ウォー"とか"ブォー、ブォー"
と聴かれる低い声を長く伸ばして鳴くそうである。ある調査では、24時間に
307回鳴き、総鳴数は1806声の記録があるそうなので、もしや、と思ったら
矢張り一夫多妻を選択した種であった。昼夜を問わず鳴かなければ難しい鳴
数である。そうなれば子育ても♀任せで、縄張りの見回りに夜通し吠えなが
ら俳徊する雄ライオンにも似て、治安維持に伴う辛苦も相当であろう。

オオジュリン

スズメ目　ホオジロ科　ホオジロ属　L16cm　　　　　　　　　　岡山（1月）

　冬のアシ原を代表する小鳥で "チュウイー" と甘い小声で鳴くのを聴く。♂も繁殖期の黒い頭巾を脱ぎ捨て、茶褐色に黒褐色の縦斑がある装いの冬羽となって姿を見せる。冬枯れのアシ原に馴染むシックな羽衣だ。

　バードウォッチングの楽しみは野鳥の姿や鳴き声を楽しむ他に、生態から窺われる種特有の習性を知り、垣間見ることだとはオオジュリンから習った。「阿部池は野鳥の宝庫」と書かれた美しいイラストのパンフレットを配っていた20年ほど前のことになる。私より一回り年長のEさんは、温厚で紳士然とした振る舞いの人だった。鳥見を楽しむ気持ちが体から迸り、何倍も面白くて寄り添った。幸いに迷惑がられず、折角なので役にも立ちたくて忘れ物やザックの閉め忘れを度々申告した。その時折の柔和な笑顔を想い出す。

　鬼籍に名を連ねたEさんの「オオジュリンの楽しみ方」は下記の通り。「風のない穏やかな冬の早朝、アシ原の傍に立って静かに耳を傾けるとアシの茎が弾ける乾いた音が聴こえます。オオジュリンが葉鞘を剥ぎ取り、ワタムシを食べる美味しい音ですよ」若者には話すから受け継がれている。

　ある時「マテバシイの実は意外に旨い」と話すと、すぐに「街路樹の元に拾いに行き、フライパンで炒って食べた」そうだ。「日頃は何気なく食べるピーナッツや一口毎の量に袋分けされたみかんの有難さと美味しさが身に染みるね」がその時のEさんの感想だ。もう少しの間、お付き合い願いたかった。

ナベヅル

ツル目　ツル科　ツル属　L100cm　　　　　　　　　　　　笠岡市（12月）

　日本で確認されたツルは7種で、中にクロヅルとナベヅルがいる。それぞれの漢字名はクロヅル「黒鶴」ナベヅル「鍋鶴」で、黒よりも鍋のツルが明らかに黒い。「鍋」は鍋や釜の底に付く焚き物の煤を示す「鍋墨」の意味だ。1950年代の台所事情を知る者には懐かしい日常風景から得心がいく。鍋の煤はどこにでも付着し、他愛もない笑いが日々の慰めにもなった時代だから鍋には愛着もある。ナベコウも同様で、若い人たちには不思議な種名であろう。

　ナベヅルの推定個体数（2017年）は1万6000羽で、2016年には1万3795羽が出水平野に飛来した。8〜9割に相当する個体数だ。マナヅルも5割の3000羽前後が飛来する。2種の大群に交じり、カナダヅル、クロヅル、ソデグロヅル、アネハヅル、タンチョウと世界15種中7種が出水で確認されている。

　世界有数のツルの越冬地となった出水地域では田に水を張って塒を作り、地域の農作物被害軽減を目的の給餌に毎朝小麦1.5tを撒く。手厚い施しは同時に一極集中を加速させ、狭い地域に集中する越冬には、感染症の蔓延などから種の存在をも脅かす危険が潜む。鳥好きには極楽地だが、それ故の惨事を回避したいと願う人々により、越冬地の分散が四国などで進行中だ。

　英名では「フードを被ったツル」学名では「尼僧のようなツル」と頭部の白い羽衣を人の容姿に擬えている。一転、体色を鍋底の煤に喩えた我が先人のなんとユーモアで大胆な発想であることか。

カモメ

チドリ目　カモメ科　カモメ属　L45cm　　　　　　　　　岡山市(4月)

　写真は春になり、夏羽へと換羽中の個体。まもなくユーラシア大陸北部の繁殖地へと向かい、日本から姿を消す。日本でカモメが見られるのは10月から翌年の５月頃までだから、カモメは歴とした冬鳥だ。

　童謡に『カモメの水兵さん』があり、子供の頃に口遊んだ淡い記憶では夏の海が想い浮かぶ。一般にはユリカモメでもウミネコでも、あるいはアジサシ類であっても「かもめ」と呼んでさほどの違和感はない。ただ、鳥好きには「水兵さんは何者か」些かの疑問が残り、それなりの好奇心が湧く。

　作詞者の武内俊子さんがハワイへ旅立つ叔父を見送ったのが、昭和８年９月の横浜港。青空に舞う「かもめ」と紺碧の海を綴った歌詞とある。更に「秋晴れの空に舞う数十羽のかもめ」の記述から、何種かの水兵さんを想像した。

　９月のカモメは繁殖を終え、渡りに備えて脂肪を蓄えているだろう。幼鳥は強靭な羽衣の形成半ばだ。思うに、鳥類の９月の30日間という時は人より遥かに長く有意義で、稀には越冬地で群れを形成するのだろうか？同様な状況のユリカモメも、繁殖期の濃い頭巾状の羽毛も消えるから「白い帽子　白いシャツ　白い服……」には近い羽衣だ。コアジサシも黒い帽子を脱ぎ捨てる。季節の心配がないウミネコだが、年中シャツは黒い。

　カモメが浮かんでいると"チャップ、チャップ"と脳裏で弾み、冬の海にもあのメロディーが漂う。寝床にまで引き摺って弱った夜もある。

ヒガラ

スズメ目　シジュウカラ科　ヒガラ属　L11cm　　　　　　　　まんのう町(3月)

　スズメよりもずっと小さな小鳥だけれど、顔を見ると「濃い髭を生やした西洋の親父さん」みたいな印象を受ける。濃くて短い冠羽を立てると、一層その雰囲気を醸し出すので仕舞いには可笑しくなる。敏捷に動き回る上に、囀りのテンポも速く"ツピン、ツピン、ツピン……"などと澄んだ高い声で何度も繰り返し鳴いている。登山中に出合うと、その溌剌とした行動から元気のお裾分けに与り、誰もが笑顔となる。

　ヒガラの漢字名には「日雀」が用いられるが、「ひがら」の語源に関しては『図説日本鳥名由来辞典』に「から」は「雀」で小鳥の意、ヒガラの"ヒン"と鳴く「雀（から）」を「ひんから」と呼んだものが「ひがら」に転じたのであろうと『定本野鳥記』の中西悟堂の説を載せている。

　ヒガラは冬になっても中々里地には降りないけれど、稀には数羽がカラ類の混群に交じって越冬するので、忽ち人気者となって冬の公園も活気づく。冬季にも山里を離れないのは、そこで暮らせるからで、カラマツやマツの種子が豊産な年や場所に遭遇するとヒガラが群れて貯蔵する習性を発揮するからであろう。同じ環境のコガラは、毎年安定した貯食習性を発動してコツコツと小まめに冬に備える。だから、里へは下らない。一見柔和そうなコガラの方が頑なな道を選んで生きている。ヒガラが横目に眺め、さて、この冬の糧はいかほどか、冬をどこで、顎髭を撫でながら親父は思案を重ねる。

ケアシノスリ

タカ目　タカ科　ノスリ属　L♂56cm♀59cm　　　　　　　　　笠岡市(1月)

　ケアシノスリは、日本では極稀に少数が飛来する冬鳥である。だから、2007年〜2008年の冬季に起きた日本列島への侵入は、鳥好きには事件のような驚きと、一生に一度のお祭りに参加できたような喜びが混在した。既に、十数年が経過したけれど再び起きないから、稀有な習性を観察し得たのであろう。

　日本列島にどれほどの個体数が飛来したのだろうか、噂では数百個体とも聞き、私の地元でも笠岡干拓ほか各地で確認され、優に20個体は超えたと思われる。2007年12月上旬に成鳥個体一羽が、翌2008年１月次々と幼鳥が数を増していった。牧草地でネズミを捕食する外に交通事故にあったタヌキやイタチなどにも群がって食べていた。主な餌であるネズミ類は、通常飛来するノスリやチョウゲンボウとも競合するから、次第に食うにも困って衰弱する個体もいた。一月ほど経ってどこかへ分散し、永く逗留したのは数個体であった。トビやハヤブサと獲物を巡る争いも度々起きた。空腹も手伝ってか、一歩も引かぬ強かな猛者のような個体が最後まで残り、白さが印象的な美しさから、やんちゃな若殿様みたいな写真を沢山撮らせた。全国各地が同様だったから、夢のような状況にもかかわらず通い詰めたカメラマンも少数だった。

　ケアシノスリの侵入は、４年周期で数が変動するハタネズミやタビネズミを主食にして起きる。ネズミの大繁殖に合わせて限界を超えた個体数が、やがて招く餓死を避けた移動なのだ。通常を超えた繁殖が若鳥への試練となる。

青空を舞うケアシノスリ幼鳥　　　　　　　　　　　　　　笠岡市（1月）

タヌキの死骸を食べるケアシノスリ幼鳥　　　　　　　　　笠岡市（1月）

オオマシコ

華麗な赤い鳥

スズメ目　アトリ科　オオマシコ属　L17cm　　　　　　　　鏡野町(12月)

　出合いを待ち望んだ赤い小鳥で、寒波の厳しい年の暮れに群れで飛来して
喜ばせた。県北の山裾は一面の雪野原で、多少の積雪では挫けないハギの種
子がひらひらと風に揺れている。ハギの茎が不自然に揺れ、種子を啄むオオ
マシコが姿を現した。3年を要するといわれる♂成熟個体の羽衣は息を呑む
美しさと気品に満ちていた。成鳥♀の控えめな羽衣は思慮深い落ち着きを備
え、若鳥が獲得した赤い部位には誇りと勢いを感じる。全てのオオマシコが
魅惑に包まれ、観る者を虜にする。間近の出来事に体が硬直し、呼吸が乱れ
た。雪野原にうずくまって瞬きも惜しみ、象牙色の頑強な嘴から次々と殻が
毀れ落ちるのを見続けた。息を凝らし「飛ぶな」と念じてシャッターを切った。
　オオマシコの学名は *Carpodacus roseus*（バラ色の果物を食べる鳥）で、英名
は Rosefinch だから、名にバラを授けるのは赤い小鳥への賛美であろう。同
様に、ベニバラウソ（亜種）が和名の下面が真っ赤なウソがいる。2種の分
布域はオオマシコがアジアの東で、ベニバラウソはヨーロッパだ。だから、ヨ
ーロッパの鳥好きがオオマシコに出合うことも、我々がベニバラウソと出合
うことも普通なら叶わない。賛美には強い憧憬の念が窺われる。
　オオマシコの赤い羽衣は成熟するに連れ、風切り外弁や雨覆いの先を染め
上げ、仕舞いには喉や頭頂部に銀色を帯びた白い羽毛を施して成熟を極める。
「間近に観て、溜め息を漏らさぬ者がいるだろうか」という美しさだ。

サカツラガン

カモ目　カモ科　マガン属　L87cm　　　　　　　　　　　　津山市(2月)

　日本で確認されたガン類の最大種で、群れで渡来したという話も既に半世紀前の語り草となった。今日では極稀に少数が見られるだけで、情報不足種（ＤＤ）であり、野生絶滅の危険性が高いとして危急種に指定されている。

　そのサカツラガンが十数羽の群れを形成し、岡山県北部の中核都市津山の市街地中央を流れる吉井川の中州付近に飛来し、しばらく逗留するという珍事が起きた。川には歩道も備わった立派な橋が架かっている。中州は橋脚に近い下手にあって、橋の上からは中州全域が見渡せた。中州付近の一定の流域を上り下りし、中州に茂ったアシの根が水に晒された部分を強引に引き抜いて啄んでいた。番かと思われる仲睦まじい2羽が群れから少し離れた。雌雄同色だけど、食欲にも勝る重要案件の解決に向かって手練手管を弄する方が♂である。見つめるでもなく、ひたすら価値ある物だけを掬い取る算段の冷静な素振りの方が♀に違いない。だから、ディスプレイは度々徒労に終わる。

　再び訪れた。両岸には整地された芝生が広がり、散歩する人を恐れもせずサカツラガンが傍の草地を闊歩すると聞いた。それならと思い、河川敷に降りた。じっとしていると近付き、野生を疑うほどに不用心なので、むしろ不足な心持ちがした。人は、よくよく身勝手な者だから心しなければと思う。

　サカツラガンは東洋域に分布し、シナガチョウの原種だ。姿、形が似るので調べたら、家禽には額に大きなこぶがある。まずは安心、野生種である。

チョウゲンボウ

ホバリング

ハヤブサ目　ハヤブサ科　ハヤブサ属　L♂33cm♀39cm　　　　岡山市（12月）

　キジバト大の小型ハヤブサだ。尾羽が長くスマートな体型で、♂の頭部と尾の青灰色は背の茶褐色に映えて美しい。尾羽先端には目立つ黒帯がある。

　草地や河川敷などの開けた環境に飛来し、ネズミ類を主要食とするが、小型哺乳類や小鳥、バッタなどの昆虫も捕食する。狩りは空中を旋回して獲物を探索し、ホバリングを駆使して次第に接近すると急降下して襲う。ネズミなどは地上で捕食し、昆虫は捕獲後に空中に浮かんだ状態で食べている。

　探鳥会ではマミチャジナイとチョウゲンボウの種名に関する質問が多い。「チョウゲンボウ」については『図説　日本鳥名由来辞典』にも「長元坊（チョウゲンボウ）の語源は不明」とある。ネット検索すると「日本の国語学者である吉田金彦氏は、蜻蛉（トンボ）の方言であるゲンザンボーが由来ではないかと提唱している」の見解があり「滑空する姿がトンボを彷彿させ鳥ゲンザンボーと呼ばれたものがチョウゲンボウに改まった」とある。だから「そのような説もありますが……」と歯切れが悪くて恐縮する。ただ、呼び名は不思議なもので、奇異な印象を残す名ほど他に代わりの融通が利かなくなる。解らない間にも名が育ち、そうなればチョウゲンボウの代わりなどどこを探してもない気がする。ある鳥好きが草地に杭を立てた。気紛れに出掛け、車を止めると目の前に杭があり、すぐに鳥が来て狩りを始めた。後に話したら怪訝な顔をされた。彼が立てた杭かと思う。ごちそう様。

シノリガモ

カモ目　カモ科　シノリガモ属　L43cm　　　　　　　　　　鳥取市(2月)

　鳥の種類は多くて生存競争が厳しいから、現存する種はそれぞれ勝ち抜ける場（ニッチ）を獲得している。条件の整った環境ほど集う種が多いから必然的に生存競争は激化して、勝ち残る困難が生じる。一方、多くの種が避ける困難な環境では厳しい条件を克服するための順応が求められる。シノリガモは絶え間なく荒波が岩礁に打ち寄せる海を選んだ。

　冬の日本海には稀なほど穏やかな日、シノリガモを求めて鳥取の白兎海岸を訪ねた。鉛色の低い空を微塵も感じさせない朝で、青空に白い雲が浮かんでいる。岸壁の窪みに身を隠すと、すぐに20羽ほどの群れが近くへ着水した。次第に潮が引き、至る所に海藻のはびこる岩が現れ、波を砕く。午後になって風が出た。もう、行く手を阻めば海は怒りを募らせる。風に煽られた波はうねり、怒涛となって砕け散る。低いアングルから見ていると、海が怒り狂っているとしか思われない。辺りからウミウが離れ、カモメも海には降りなくなった。岩で休んでいたシノリガモが次々と波の下に消えて行った。今にも波に浚われそうな小岩で２羽が寄り添って休んでいる。ここは順応の果てに獲得した、シノリガモには優しい海。その海が不機嫌で時化た日は、餌が海中に舞い上がって、シノリガモは歓喜するのだろうか。興味は募るが、風が勢いを強めている。海は時化ると人には凶暴だから、離れる以外の手段などない。

タゲリ

チドリ目　チドリ科　タゲリ属　L32cm　　　　　　　　　　　　　出雲市(2月)

　この鳥を知り、初めて観察する者ならきっと夢中になる。飛来するのは見通しの良いフィールドだし、キジバト大で脚が長いから容易に確認できる。更に、群れて個体数も多い上に派手な装いだから誰もが堪能できるはずだ。

　日本で確認された野鳥種は現在700種ほどで、印象深い特異な形態と見栄えのする美しさを併せ持つ3種を挙げるなら、サンコウチョウ、ヤツガシラ、タゲリであろうと思っている。もしも、仮に、この3種を観察しても心が躍らなければ、阻害している心配事をまず片付けた方が良い。それもなければ、自然観察が趣味に向かないと解る。人生展望から、若者には有意義な体験だ。

　タゲリは後頭に黒くて長い冠羽があり、風にもなびく。野武士を想わせる風貌と、金属光沢と表される輝きを発する羽衣が魅力の大型チドリだ。金属光沢とは磨いた金属面が放つ、光を通さない不透明な輝きを有する光沢のことで、タゲリの上面の羽衣には深味のある緑色地に赤紫色光沢がある。陽射しを受け、動く度に光沢が移ろい実に美しい。チドリは千鳥だから、急に立ち止まり思わぬ方向にも走り出す。その千鳥足が演出して、金属光沢は一層妖しく輝き続けるのだ。

　タゲリは冬鳥として耕作後の田などに飛来する。同様の環境にケリがいて、留鳥として年中見られる馴染みから、この方を基準に見立てて「田のケリ」が名の由来だから、今少し器量に見合う呼び名なら、と残念にも思う。

カラフトワシ

タカ目　タカ科　イヌワシ属　L♂67cm♀70cm　　　　　　瀬戸内市(1月)

　瀬戸内市にある広大な錦海塩田跡地にカラフトワシが飛来してしばらく逗留したものだから全国の鳥好き、取り分け猛禽好きを喜ばせた。市の管理地で、無暗な接近を許さなかったことが幸いし、1月上旬の初認から2月下旬の終認まで、出合いの機会さえ稀な大型猛禽の日常が普通に観察された。

　カラフトワシは鹿児島県川内市で永年越冬した個体が有名で、私も訪れて勇姿に感激したものだから、再びカラフトワシに出合えて嬉しさも一入だ。両翼を一杯に広げて羽ばたきもせず、青空を悠然と舞う姿を仰ぎ見ると、趣味の対象であることも忘れてただただ爽快な気持ちに酔うばかりだ。

　実は、地元の岡山に途方もない大型希少種が飛来するなら、西の笠岡干拓地か東の錦海塩田跡地だと、鳥好きなら誰でも考えるほどの環境だった。既に色褪せた願望と諦めたけれど、高台から一帯を見渡し、ノガンが闊歩する姿を何度想像したことだろう。東側はチュウヒが繁殖し、ハイイロチュウヒも越冬するアシ原で、西側には広大な牧草地が何面も連なっていた。その、夢見た草地も今は巨大なソーラーシステムと化した。アシ原はチュウヒが踏ん張って辛うじて残ったけれど、環境劣化の煽りを食って繁殖もままならないチュウヒだけが細々と暮らしている。環境に優しいエネルギーだと人がいつまで受け入れるのか、私には不安を払拭できない景観でもある。カラフトワシ飛来は本格工事の前年で、もう溜め息交じりに通過することだろう。

クロツラヘラサギ

ペリカン目　トキ科　ヘラサギ属　L77cm　　　　　　　　倉敷市(1月)

　動物はすべからく糞尿を排泄する。鳥類は故あって、度々する。糞と尿は総排泄腔内で直前に混ぜて排泄される。小鳥などの物は中ほどの黒い部分が糞で外側の白い薄皮のようなのが尿になる。糞は僅かの特異な分泌物や微生物が混じるが、大半は食物の不消化物だから我々にも親しく想像がつく。尿は日常維持に関わる都合から、動物の種類によってずいぶん異なる。健全な体を保持するために、古い肉体は常に新しく置き換わっている。いわゆる、新陳代謝だ。筋肉を形成している蛋白質を分解するとアンモニアが生じ、体内に蓄積されると命に関わる。魚類は幸い無限の水中に生きるから、アンモニアを容易に水に溶かして捨てる。人や他の哺乳類はアンモニアを毒性の少ない尿素に変える能力を獲得し、水に溶かして溜めた後に捨てる。鳥類は多量の水に頼らない更なる機能を獲得し、アンモニアは最終産物の尿酸に変わる。尿酸は白い結晶で軽い。身体を軽くしてこそ適う生き方なのだ。

　鳥類は湿潤な環境に棲む種の糞尿の方が含水量は多く、クロツラヘラサギなどの物は軟らかい。慌てて飛び立つ時でも糞尿だけは排泄し、身を軽くして飛びたい。なので、軟らかい方が早く解決されて安心であろう。

　写真の場合は糞尿が脛まで伝わっている。弾みを付けるとか、尻を突き出すとか、脚を広げるとかして、このような事態を回避しないのは、ひとえに個体の不精な性格による。鳥にだって、そりゃー個性はあります。

コチョウゲンボウ

ハヤブサ目　ハヤブサ科　ハヤブサ属　L♂28cm♀32cm　　　　　　　出雲市(1月)

　キジバト大の小型ハヤブサで、♂は頭部から体上面への青灰色と胸から体下面の橙褐色の対比が美しい。冬鳥として、農耕地や干拓地などの開けた環境に飛来する。灌木や電線上から見渡し、低空を飛んで獲物を急襲して捕食する。主なターゲットは小鳥類で、急襲を凌いでも執拗に追尾して捕獲する。タカ科のハイタカと並ぶ、冬季の小鳥にとっては恐怖の鳥であろう。

　同じ環境には一回り大きなチョウゲンボウも飛来し、上空から見渡してホバリングしながら獲物に近付き捕獲する。狩りの手法が異なり、コチョウゲンボウほど小鳥に拘らず、ネズミ類、両生類、爬虫類、昆虫と捕食対象が広いことから共存を許すのか、両種が争うのは稀だ。ただし、自然は容易く生き抜けない。環境はハヤブサとオオタカの狩場でもある場合が多く、2種は生態系に君臨する支配者で、コチョウゲンボウも単なる餌でしかないのだ。小鳥に掛ける捕食圧ほどの脅威を支配者から受ける日々なのである。

　言葉を重ねても伝えられないほど、コチョウゲンボウという猛禽は美しい。捕食者がなぜそんなにも美しく装うのだろうかと、不思議に思う。どの道、♀の好みには違いないので、番♂が獲物を持ち帰ると惚れ惚れするであろう。

　ある時、落鳥した♂を持ち帰った。死後も一層美しく、冷凍室で保管したが、例の鳥インフルエンザの折に仕方なく庭に埋めた。十数年が過ぎ去り、傍の木蓮が白い大きな花を咲かせる。美しかった♂と競うかのように咲く。

ハギマシコ

雪原に映えて

スズメ目　アトリ科　ハギマシコ属　L16㎝　　　　　　　　　鏡野町(1月)

　5年に一度ぐらいだろうか、厳冬の楽しみに県北に飛来するハギマシコが
ある。大概は群れで観察も容易だから、雪道対策を施して足繁く通う。雪原
での採餌は限られる。積雪の浅い草地のハギは倒れず、オオマシコやハギマ
シコの好餌なのでいち早く食べ尽くす。意外に頑丈で、1ｍほどの積雪にも
耐えて穂先を覗かせ、ハギマシコを喜ばせたのがイタドリだ。

　ある時、視界が塞がれるほど雪が降る中を群れが通過した。後を追うと、山
裾の風裏に当たる一面にイタドリが群生した穂先に黒い物が揺れている。雪
が小止みとなり、50羽ほどのハギマシコが競って採餌する光景を間近に観察
した。厳しい環境に生きる小さな鳥の懸命な日常の一コマには、清々しさを
抱くほど感激する。萩色の羽毛は雪に滲み、美しい印象を残す。

　温暖で餌の豊富な地域には多くの種が集い、生き残りを掛けた熾烈な争い
は避けられない。反対に、条件が悪ければ日々の暮らしは厳しいけれど争い
事は減る。二つを見比べ、そこそこの環境でと思案するのは鳥も人も同じよ
うだから必然的にそこそこの安泰と争いが発生する。ならば、いっそのこと
どこまで凌げるか頑張ってみる、と厳しい環境に進出したのがハギマシコで、
強い北風に晒されて雪も積もれぬ冷たい岩肌剥き出しの崖地を今では好む。

　風に吹き飛ばされ、挙げ句の果てに岩の片隅に辿り着く種子もある。県北
の似た場所なら石切り跡で、だから待てばハギマシコはきっとそこに現れる。

モズ

はやにえ

スズメ目　モズ科　モズ属　L20cm　　　　　　　　　　瀬戸内市（12月）

　種子食や昆虫食が普通のスズメ目の中にあって、モズは完全な肉食で、昆虫、両生類、爬虫類、鳥類、小型哺乳類と捕食動物も多様だ。ハゼやサンシュユの実を食べることが知られているが、ミネラルの補給かと考えている。

　モズの食性は、捕食に適した鉤形の鋭い嘴にも表れている。一般の猛禽類の掴み捕る手法とは異なり、襲い掛かるといきなり咥え捕る。比較的大きな獲物であるネズミや小鳥は木の棘や鉄条網などに刺して固定させ、肉を引き千切りながら食べている。そうした行動は獲物を小枝などに串刺しにして置く早贄の習性に繋がったかも知れない。

　動物の狩りによる成果は時に不安定で、繁殖期を貯食で凌ぐ猛禽も多い。モズの捕食対象となる小動物は冬季には激減する。貯食は飢えをも回避する懸命な手段だ。早贄は他のモズに対する縄張り主張の役割も担うのか、春先になっても手付かずの物が多く見られる。あるいは容赦なく食べ合って、種の繁栄を引き寄せる糧となるのか、いずれにしても興味が尽きない習性だ。

　万葉集の時代から多くの歌人にもず（百舌鳥）は詠まれ、鎌倉時代の『夫木和歌抄』には十首が詠まれている。歌人はモズの習性にも心を寄せている。

　巻二十七の一二八六〇に次の歌がある。「秋の野に もずのにえさしいかならん つゆふきむすぶ夕ぐれの風」「もずのにえさし」は「もずのはやにえ」のことで、歌人のほど好い距離からの優しい眼差しが感じられる。

181

ヒドリガモ　　　　仲良きことは美しき哉

カモ目　カモ科　マガモ属　L48cm　　　　　　　　　　　玉野市(1月)

　カモの心中は計り知れないけれど、ヒドリガモのカップルはとても仲良く映り「仲良きことは美しき哉」を思い起こす。武者小路実篤が色紙に描く野菜に好んで添えた言葉で、昭和の土産物屋には記された品々が溢れていた。

　当時は、剥製のオシドリ番が仲睦まじい象徴の如くに床を飾った。時代が変わって処分に困る、という話を聞いてからも随分経った。実は、カモの♂は嫉妬深い。漸く番相手に決まり掛けた♀を慕って次々に訪問する他の♂を近付けまいと必死なのだ。前に後ろにと付き纏って♀が興味を持つ暇も与えず、それが人には甲斐甲斐しく映る。ヒドリガモも同様かと推測する。でも、仲良くなったのも事実で、折角だから面白い所だけを切り取って写真にする。

　ヒドリガモの漢字名は「緋鳥鴨」で、緋色は黄色味のある赤だから♂の頭部からの呼称であろう。英名 "Eurasian Wigeon" はユーラシア大陸高緯度の広い繁殖分布域を示唆している。学名 *Anas penelope* のAnasはカモの意でPenelopeはギリシャ神話に登場する女性の名前だ。したがって、学名は種の♀を意識した命名かと思われる。そのペーネロペー（Penelope）はイタケーの王オデュッセイアの夫人で、王が20年に及ぶ放浪から帰還する間に108人の求婚者が現れたといわれる美貌の女性で、貞淑な女性の象徴ともされる。ヒドリガモ♀には種の存続という貞淑より重要な課題がある。更に、美貌を武器に迫るのは♂の方で、ペーネロペーのようには振る舞えない。念のため。

ズグロチャキンチョウ

スズメ目　ホオジロ科　ホオジロ属　L17cm　　　　　　　　倉敷市(2月)

　ズグロチャキンチョウは中近東から黒海沿岸のヨーロッパで繁殖し、イン
ド西部で越冬する。その分布域は遥か彼方で、日本には極稀に日本海の島嶼
や南西諸島に飛来する。大概は強風に煽られて、やむなく避難かたがた立ち
寄るのだろう。鳥類が移動（渡り）する基本は南北だから、繁殖地から真東
へ9000km移動しても種に新たな利は発生しない。それ故に迷鳥に分類される。
そうはいっても、理屈の付け難い事態を発生させるのも自然の魅力だし、不
可解で不思議がなければ「謎が漸く解ける」という楽しみも望めない。

　その不思議ばかりを背負い、ズグロチャキンチョウが倉敷の農地に舞い降
りた。収穫後の田に隣接した、雑草が焼かれて黒くなった一角でアオジに混
じって何かの種子を啄んでいた。他にはスズメやオオジュリンに少数のホオ
アカがいて、一帯の田畑を行き交っていた。いずれも種子食の習性から、収
穫後の田で落ち穂や二番穂を啄んでいた。黒海沿岸は小麦の生産地で、啄ん
だであろう。この度は米だから不足はないか、と私は思った。栄養価を比べ
たこともないが、麦飯が上等とは思われない幼い頃の記憶がある。ズグロチ
ャキンチョウの喰いっぷりからも不足はないだろう。1粒の米を咥えると、頑
丈な嘴を左右に動かし、器用にモミ殻を剥いで食べる。食は足り、傍に草地
の塒もあり、優位な体躯から他種からの迫害もない。天国ではないのか？

　飛去前には電線で囀った。聴く者がいれば、彼は残ったとも思われる。

ツクシガモ

番 の 絆

カモ目　カモ科　ツクシガモ属　L63cm　　　　　　　　　倉敷市（12月）

　一般に、図鑑などに雌雄同色と記載される種の番の絆は強固で、極端な違いを見せる種の絆は儚いものと推測されている。カモ目の野鳥で見るなら、ハクチョウ類やガン類が属する大型カモ目が雌雄同色で、カモ類は総じて極端な違いがある。なので、大型カモ目の番は終生連れ添い、冬季には家族単位での行動を見る。一方、カモ類のオシドリなどに顕著な♂の派手な装いは、今季限りの儚くも激しい恋事情を窺わせる。時間とエネルギーを費やしても達成したい、「子孫を残す」という切なる願いである。双方はそれぞれの他ならぬ事情から選択した生き方なので、時により場合によって好かったり嫌だったりしても、比べて不足を考えないから人のような迷いはないはずである。

　そこで、何とも微妙な立ち位置にいる一群がツクシガモ属で、日本では他にアカツクシガモがいる。2種はマガンより小さく、マガモより大きい。体躯がガン類とカモ類の中ほどで、図鑑には雌雄ほぼ同色とある。ほぼ同色とは、詳細な観察をすると人にも解る違いがあることを示唆している。同じ配色にもメリハリの違いがあり、2種共に♀が曖昧なのは選択権者の余裕と見る。

　さて、ツクシガモ属の番の絆はいずれの方に向かうのか。「子孫を残す」なら子育てに充分な時間が使える強固な絆の方かと思われるけれど「オシドリのように着飾って年毎の恋に情熱を捧げたい」が♂ばかりの本音だとも思われない節がある。だから、僅かの違いを♂に託して種が迷いを抱えている。

ビロードキンクロ

カモ目　カモ科　ビロードキンクロ属　L55cm　　　　　　　　松江市(1月)

　江戸中期の文献『観文禽譜』の「全身黒色、眼下白し　翅に白羽あり　觜のさき黄にして微しく紅を帯　觜根少しく瘤あり　脚淡黄」の記載はビロードキンクロの形状をよく説明している、と『図説　日本鳥名由来辞典』にあり「黒色のビロードのような羽色の"かも"の意であろう」と、種名由来の記述がある。ビロードは柔らかな肌触りと深みのある色艶や光沢のある織物で、ベルベットとも呼ばれる。元来は若鹿の角が生えてくる時に皮膚が盛り上がる、その箇所に生えている柔らかい産毛のことだから、想像するだけでも手触りの心地好さを感じる。

　嘴から嘴基部の瘤に、白い虹彩と三日月形の白い縁取りの効果は中々人には理解し難い。一口に、異形な姿としか思われない。もっと、度々近付いて望遠鏡で覗き見て、少しでも彼らの思惑が窺えたら面白かろうと常々思うけれど瀬戸内沿岸に住む者には縁が薄い鳥だ。比較的近い観察地が島根県の中海に田頼川が注ぐ辺りで、少数だが毎年飛来する。山陰に鳥見に出掛ける折には覗き見る。コンクリートの堤防の側近くで採餌中の時もあり、シメタと思って覗くと忽ち沖に出る。強い警戒心に難儀をする。だから、工夫を凝らし、遠目にぼんやりとした態度で横目に観察する。すると、少し沖で水面に立ち上がりこちらを見ている。上体を持ち上げるディスプレイはしないと聞く。

　あの奇怪な風体で訝られたなら、私の立つ瀬もないから早々に立ち去る。

ツグミ

スズメ目　ヒタキ科　ツグミ属　L24cm　　　　　　　　　　岡山市(2月)

　古い記憶なので、いつ頃に誰が書き記したことかも忘れ、内容にも確たる自信がないが「ある哲学者が、胸を張り遠くを見つめて立ち止まるツグミをしばし観察し、私と同じことを考えていると呟いた」という逸話がある。

　越冬のために全国に飛来するツグミは個体数も多く、最も観察し易い冬鳥だ。そのツグミの一番好きなところが逸話を生んだ姿勢である。採餌中に草地を少し進んでは立ち止まる。胸を張り、背を伸ばし、静止して遠くを見つめる。何かに焦点を定めるというより、想いに耽っている目付き、と人の目に映る。とても爽やかで、思慮深い印象を残す。正しく、未来を見つめる者の眼だ。実際には、ツグミは僅かなミミズや虫が立てる音を聞き分けようと、一切の気配を消して狩りに集中しているはずなのだが。何度見ても、人の思いを重ねて見てしまう。野生動物の行為に人の価値観を充てるのは現実を見誤り、時には酷い非難を生む危険な解釈なので、そのことをなおざりにはしない。でも、しかし、ツグミに負担は掛からず、自然観察でも稀な喜びに浸れる最上の楽しみだからと、ビギナーにはお決まりのお裾分けで持て成す。

　島崎藤村の『夜明け前』にはツグミを食べる話が何度も出てくる。昭和初期の記録によれば、木曽谷での野鳥捕獲高はツグミ19万羽、アトリ16万羽、マヒワ6万羽だそうで、見て楽しむ時代の到来は夢にも思わなかったろう。

　そう振り返って見直すと、人を不審に思うツグミの気配も僅かに感じる。

アカアシカツオドリ

カツオドリ目　カツオドリ科　カツオドリ属　L70cm　　　　　　　　神戸市(1月)

　アカアシカツオドリが神戸の釣り公園に出ると聞いて出掛けた。一度は到着後に天気が崩れて終わり、次の午後には晴れ渡ってほど好い風も吹いた。潮目が変わり、流れが速くなって釣り人が去った。もう、そろそろと思う気持ちに合わせて現れた。数kmかと思われる長い護岸に沿い、何度も往復して時々は豪快な狩りを披露した。「何度通って来ても遠くでチラリ」と、ぼやく者もある中で誠に幸運であった。好い、と確信して出向いても、気分と運は別物だから思い通りにはいかない。殊に相手があることだから儘ならない。近頃はそれが普通と心得て腐らない気持ちを維持し、ツキが回って来るのを待つ。それでも行きたい時は運の良い仲間を誘うか、あるいは付いていく。

　アカアシカツオドリは翼の幅と長さの比（アスペクト比）が大きな細長い翼を駆使し、水面を羽ばたきもせず自在に滑翔する。魚影を確認すると高度を上げ、獲物をめがけて矢のように飛び込んで捕獲する。確率の高い狩りだし、水面上で食べるので、目敏いウミネコが付き纏う。浮き上がってすぐに食べないと奪われる。逃げてから食べよう、などと甘い考えの通じる相手ではない。通常の分布域では出合いの稀なウミネコは、日本近海を手中に治める東洋の猛者で、狩りは下手でも略奪は上手い。手練手管の限りを尽くす。

　アカアシカツオドリは何度か奪われても懲りずに狩りを続行し、ウミネコも養ってから沖に去った。若い彼には旅先での苦い思い出になるかも。

トラツグミ

落ち葉の下に

スズメ目　ヒタキ科　トラツグミ属　L29cm　　　　　　　　　玉野市（2月）

　トラを彷彿させる羽衣とキジバトほどの大きな体躯から印象深い野鳥だ。夏山の夜には"フィー、チィーン"と震えるような声で連続して鳴くのを聴く。物悲しく、時には不気味な印象を残す。繁殖期には滅多に姿を見せず、その寂しい鳴き声ばかりが人々には気掛かりで、いつしか『平家物語』の源頼政が退治した怪物の名にトラツグミの古名ヌエ（鵺）を重ねる事例が多い。横溝正史の推理小説『悪霊島』が映画になり、宣伝向けのキャッチコピーは「鵺の鳴く夜は恐ろしい」だったから、ヌエはいよいよ正体の知れない不気味な怪物の名に定着した。しかし、実際には番相手を求めて鳴く囀り（ラブソング）だから"フィー"と鳴いた後に、遠くから"チィーン"と微かな鳴き声が届く。心の繋がった2羽が鳴き交わしているのだ。恋が成就する前触れでもある。

　冬季のトラツグミは里地に下り、しばしば都市型公園などでも越冬する。夏の隠密な行動とは一転して、見通し良い林床などで採餌するのを見掛ける。落ち葉の下に棲む昆虫やミミズを好み、腰を上下に振って振動を与えて餌の小動物の動きを素早く感知して捕らえる。頭部を安定させた絶妙な運動は一定のリズムに乗ったダンスのようで、一見の価値がある。狩りを始めると夢中なのか、警戒心も薄れて観察や写真撮影も容易くなる。トラツグミにも捕食圧の掛かる危険な時間で、美しい羽毛が散った猛禽の食痕を稀に見る。

ホシムクドリ

スズメ目　ムクドリ科　ホシムクドリ属　L22㎝　　　　　　　　　岡山市(2月)

　20年ほど前には西日本でも数少ない冬鳥だったホシムクドリは、近年では初冬に数十羽程度の群れで各地に飛来し、ムクドリに交じって越冬している。日本初確認が1969年12月の鹿児島県出水市という記録から、短期間での分布域拡大が窺われる。ただ、激的な個体数増加に至らないのは日本各地で繁栄を極める近縁種のムクドリが繁殖を許さないから、とも考えられる。

　ホシムクドリは北アメリカ大陸、オーストラリア大陸、ニュージーランド、南アフリカなどに人が持ち込み、農作物への被害を出すほどに増殖している。その勢いは凄まじく、1896年にＮＹのセントラルパークで放鳥された100羽が北米各地に分布域を拡大しながら、100年後には2億羽と推定されるほどだ。害虫駆除をもくろんだ移入種の急激な増加は既存種の存続を脅かしながら、様々な問題をも引き起こす。今では世界の侵略的外来種ワースト100（国際自然保護連合）に指定され、国や地域によっては害鳥の汚名を着せられ駆除される。人に翻弄され、哀れな末路を辿った挙げ句に絶滅した種は過去にも多い。新天地を授かったと、ホシムクドリは懸命に生き抜いただけなのに。

　ホシムクドリ本来の生息地であるヨーロッパではCommon Starlingと呼ぶ。星空を連想させる、小さな斑をちりばめた模様が引き寄せた華麗な種名だ。

　春先には、全身が緑や紫光沢を帯びて輝く美しい夏羽を纏う。次第に嘴が先から黄色い婚姻色に変わり始めると、まもなく日本列島から姿を消す。

ハシビロガモ

集 団 採 餌

カモ目　カモ科　マガモ属　L50cm　　　　　　　　　　　　浅口市(2月)

　効率良い採餌に向け、特異な嘴を獲得したカモだ。この鳥の、嘴に拘らない種名を考える人もいるのだろうか、と思うほど異形な嘴が際立つ。和名の漢字名「嘴広鴨」は比較的穏やかな印象で、学名の *Anas clypeata*（盾で武装したカモ）とは対照的だ。最も具体的で言い得て妙な呼び名は英名の "Common Shoveler" で、ショベルは足を掛ける部分のある大きなスコップを暗示させる。呼ばれる方の身にしてみると、和名程度を望むであろう。

　人には異形な嘴に不似合に映るかもしれないが、恋する冬季の鳥には矛盾のない正装へと衣替えを始める。♂の頭部は緑色から青紫色へと時折の光沢を輝かせ、赤茶色の脇羽は白い体羽に映える。長い肩の飾り羽は緑色の光沢を帯び、金色の虹彩が羽衣に格調を添える。飛来時とは一変する繁殖羽だ。

　特異な嘴を駆使する集団での採餌光景は、ハシビロガモ観察最大の楽しみとなっている。餌はプランクトン（水中に浮遊する小さな動植物）で、ブラシのような特殊な嘴でろ過して食べることからフィルター・フィーダー（ろ過食者）とも分類される。甲殻類などのプランクトンや植物の破片などの水中浮遊物をこしとり、軟体動物や昆虫、草の種子や果物なども食べている。

　冬季は20〜30羽が楕円形の群れを形成し、グルグル回りながら水掻きで巻き上げて効率良く採餌する。季節は番形成の好機だから、そっと群れから離れる2羽の、♂の嘴から漏れた物を♀が食べるのは求愛給餌である。

水草が浮く水面を進むハシビロガモ♂ 　　　　　　　　　　　浅口市（1月）

夕日に輝く水面に佇むハシビロガモ♀ 　　　　　　　　　　　浅口市（2月）

ハイイロチュウヒ

タカ目　タカ科　チュウヒ属　L♂45cm♀50cm　　　　　　　瀬戸内市(1月)

　猛禽好きに限らず、多くの鳥好きを虜にする魅惑の野鳥だ。草地やアシ原低空を流れるように飛翔する精悍な姿には爽やかさまでも感じる。

　♂の頭部から胸と体上面は青色味を帯びた灰色で、学名も *Circus cyaneus*（青い色のチュウヒ）だ。初列風切羽の先は黒い。飛翔時には翼下面と体下面、及び腰の白さが際立ち、とても美しい。金色の虹彩が容姿に気品を添えている。♀は褐色で、風切や尾の明瞭な黒い横斑と白い腰が目立つ。

　2000年頃の全国各地に点在したアシ原にはハイイロチュウヒを受け入れる余力があった。しかし、現在ではアシ原も減少し、周囲のハイイロチュウヒが好む草地などは著しく減少した。狩場や塒が競合するチュウヒに圧倒され、ハイイロチュウヒには棲み難いほど環境は劣化した。一見して何気ないような草地や荒れ地が担う生態系形成への貢献は無視され、多くはソーラーパネル設置のために消えた。「ノガン飛来可能」と夢見た錦海干拓地の広大な牧草地は既にメガソーラーシステムと化した。環境に優しいエネルギーを生むといわれても、取り敢えずの環境破壊が惜しくて仕方ない。

　埋立地、河川敷、耕作放棄地、荒れ地などにも、それ故の植物や小動物が生息して生態系を形成している。雑草や一寸の虫などと侮るなかれ、それらの生物が支え賄う空間がハイイロチュウヒに冬の日常を提供する。だが、進化するソーラーパネルは湖面をも覆い、チュウヒ一族は窒息寸前の危機だ。

ミヤマホオジロ

スズメ目　ホオジロ科　ホオジロ属　L16cm　　　　　　　　玉野市(2月)

　真の品格を備えた立派な容姿といえる。飾り過ぎず不足もなく、ほど好さ
を感じさせる好ましい羽衣だ。成鳥♂からは、凛々しい騎士を連想する。
　西洋人には縁遠い、アジア極東の局地という分布域にもかかわらず*Emberiza
elegans*（上品なホオジロ）という学名を授けている。観察の行き届いている
ことをも窺わせる、贔屓の私などには嬉しい呼び名だ。彩度を控えた♀の羽
衣からは、満ち足りた優しさを感じる。ちなみに、同様の環境で確認される
カシラダカはユーラシア大陸高緯度地方の広範囲に分布し、山野に依存する
イメージが強いからか、学名を*Emberiza rusitica*（田舎のホオジロ）と呼ばれ、
気の毒な思いがする。実際、学名ほどの印象は受けず、黒い冠羽を立てた夏
羽♂などからは勇ましい印象が残る。ホオジロ科の♀は総じて似ており、種
の同定には腰模様の確認が有効だ。ミヤマホオジロは灰色で、カシラダカは
茶色地に鱗模様があり、なければホオジロだ。
　ホオジロ科は最新の鳥類目録（改訂第7版）では最後尾に記載されている。
序列は古い形態から新しい形態へで、ホオジロ科はいわば最新型の種である。
世界に309属541種、あるいは200属823種を含む大きな繁栄グループです。
　写真図鑑の最後尾を見開くと語尾にシトドの付く3種が載っている。本来
は北米（新北区）分布種だから、更に進化を極めた新天地の種なのになぜか
ホオジロの古名（しとど）で呼び、私などはシトドと聴けば今も息が乱れる。

193

ヤツガシラ

イラガの繭

サイチョウ目　ヤツガシラ科　ヤツガシラ属　L27cm　　　　　　笠岡市（12月）

　写真図鑑で存在を知った時は、想像の範囲を超える奇抜な容姿だと思えた。どこへ向かうのか「春秋の渡り時期に日本列島を素早く通り抜けるらしい」という謎めいた動向にも心惹かれた。まもなく、沖縄八重山諸島の石垣島で出合った。餌を求めて畦道を足早に進んでいたが、何かに気付いて立ち止まり、扇形の冠羽を広げて見せた。周囲を窺い、ふわふわと夢心地みたいな印象の中を飛び去った。鳥の消えた景色がぼんやりとして、焦点の定まらない不思議な感覚の衝動を覚えた。数年後、ヤツガシラは近辺に度々姿を見せた。極め付けは仕事場の庭に降りていた一件で、家内が色褪せた金切り声を立てたので飛び去った。残念だけれど、驚愕する出来事なので理解する。

　笠岡干拓地での探鳥会当日、集合場所近くの桜並木で採餌中の個体を発見。担当者に報告したけれど、なぜか話題にも上がらず、午後に残った数人の鳥見仲間と至近距離でのヤツガシラ観察を堪能した。ヤツガシラは草の根元へ長い湾曲した嘴を差し込み、器用に探るとコガネムシの幼虫を咥えて抜き出し、ポイッと空中に浮かべて口中へ落とした。採餌の後、土手斜面の露出した土面に体を伏せて砂浴びをした。近辺に水辺は多いけれど、日常の環境から備わった習性であろう。桜の枝で休みながら羽繕いを済ませ、幹に付いたイラガの繭を突いて食べた。繭は、幹に紛れる迷彩色の堅い殻と毒針に守られるはずだった。世の中に絶対の安全などはないのだと、溜め息が漏れる。

桜木で越冬中のイラガの繭を啄むヤツガシラ　　　　　　　　笠岡市（12月）

砂浴びするヤツガシラ　　　　　　　　　　　　　　　　　　笠岡市（12月）

ヤマシギ

チドリ目　シギ科　ヤマシギ属　L34㎝　　　　　　　　　　　　　総社市（2月）

　シギ、チドリ類が鳥見の楽しみとなっても、充分な観察を満喫することは困難なヤマシギだから、愛しい気持ちが募って遂には切なくなる。個体数の少ない希少種でもなく、本州中部以北や北海道では繁殖し、冬季には広く西日本一帯に分布して越冬する留鳥なのだが。カモを見ようと土手の草地に踏み入り、足元から飛び立つヤマシギに茫然とした経験なら度々ある。更に、山裾の林床を探索して極稀に出合えても、気付いた時には接近し過ぎており、ヤマシギが観察を許さない。採餌場所を見つけて遠くから眺める他はない。ただ、ちっとも珍しがらず、鳥好きより習性にも通じているのが猟師たちだ。日本で狩猟できる動物48種中鳥類は28種で、タシギと共にヤマシギも名を連ねている。気の毒にも、人の嗜好に適った訳だ。「ぼてしぎ（ヤマシギやタシギ）は他人に遣らず猟師が食べる」極上の味を知るハンターのセリフだ。

　ベカシーヌ（タシギ）、ベカス（ヤマシギ）はフランスの知られたジビエ料理の素材である。ベカスの醍醐味は内臓とかで、羽毛のないほぼ全身が皿上に蹲（うずくま）った姿で出されるとか。長い嘴でも掴んで食べ……。

　ある年の暮れ、ヤマシギが100羽との怪情報が舞い込み、半信半疑で出掛けた。話通りに、辺りが薄暗くなるとトウモロコシ畑からヤマシギがゾロゾロと草地へ出た。採餌に夢中の20羽を数えて暗くなった。ヤマシギが極端な隠遁（いんとん）生活で姿を隠す一因は人が美味しいと噂するからで、だから仕方ない。

ヨシガモ

カモ目　カモ科　マガモ属　L48cm　　　　　　　　　玉野市(2月)

　晴天の陽射しを浴びるヨシガモを至近距離で観察したならば、頭部の奥深い輝きと胸から体下面への繊細な鱗模様の魅惑に酔い、遂には溜め息が漏れる。蓑毛とも称される長い飾り羽の三列風切は風になびき、基部の白い羽毛は妖しい輝きを秘めている。首を伸ばすと頭部の形態がナポレオン帽を思わせ、定番の話題でも、ために観察が疎かになれば後の悔いとなる。日本で見られるカモ類では、艶やかな装いで名高いオシドリが一般にも広く知られているが、気品も漂うヨシガモが最も美しいカモと思っている。

　現在、狩猟が認められているカモ類は11種で、猟師が「青首」と呼び最上のターゲットにされる気の毒なマガモと共にヨシガモも名を連ねている。共に肉味が良いといわれる植物食で、マガモの「マ」は「真」で食べて美味しいからだろうことは他の一文で述べた。でも、ヨシガモの「ヨシ」は「姿良し」の方で「味良し」ではない。数の多い種でなく、容姿端麗で観賞向きだから、時代に見合った狩猟リストの見直しをご一考願いたい。

　先祖の撃たれた記憶は警戒心を煽り、滅多に近付かないヨシガモも公園の給餌にはついつい警戒を緩める。近年、とある公園の池でヒドリガモ、オナガガモの群れに数羽のヨシガモが交じって越冬する。ヒドリもオナガも狩猟鳥だが、大群は少々の犠牲も意に介さぬ。給餌は人の気紛れで当てがないし、ヨシガモの給餌で緩んだ警戒心が仇にならないことを願っている。

再びオオタカ

若 鳥 の 狩 り

タカ目　タカ科　ハイタカ属　L♂50cm♀58cm　　　　　　岡山市(12月)

　ある年の冬、鳥見に通う農耕地では「コサギばかりを狙って狩りをする若いオオタカがいる」との噂が広まっていた。間もなく、その痕跡を確認した。用水路沿いのアシ原の傍らに、殆どを食べ尽くされたコサギの残骸と羽毛が散らばっていた。更に、その数日後には再びコサギが狩られ、血糊の付いた生々しい頭部や脚部が残されていた。朝夕と昼時にも昼食を兼ねて訪れた。

　通い始めて2週間目の午後だった。徐行する運転席真横の低空を、鬼の形相をしたオオタカが矢のように通り抜けた。けたたましいサギの声がして数羽のサギが飛び立った。車を急回転させ、道路脇から機材を構えると、片翼を掴まれたコサギが猛反撃して激しく揉み合った。コサギは唯一の武器である長い嘴を顔めがけて振り回した。顔面すれすれを何度か外すとオオタカは脚を伸ばし体を反らせて堪えた。すると、コサギは掴まれた脚を狙い、執念の一撃は左脚部を貫いて血を滲ませたが、オオタカは怯まなかった。右脚を伸ばし、コサギの首を掴むと覆い被さった。下から時折突き上げた抵抗もやがて途絶えて、コサギは果てた。オオタカは素早く羽を毟り取り、貪り食った。上空にトビが現れると、両翼を広げて隠すという強かさをも見せた。消化不能な餌が詰まった腸は捨て、堅い砂嚢以外は残さず食べ尽くすと飛び去った。

　冷たい北風がコサギの亡骸を撫でると、白い羽毛が冬空に舞った。懸命に生きたコサギの命が潰えたことを一帯に告知するかのようであった。

コサギを捕食するオオタカ幼鳥　　　　　　　　　　　　岡山市（12月）

上空にトビが現れ、獲物を隠すオオタカ幼鳥　　　　　　　岡山市（12月）

ユリカモメ

都 鳥

冬 ◉ ユリカモメ

チドリ目　カモメ科　カモメ属　L40cm　　　　　　　　　　岡山市(4月)

　　ユリカモメが話題に挙がれば『伊勢物語』第九段東下りの在原業平の歌は避けては通れない。京の都に残した恋人を忍び詠んだ「名にし負はば、いざ言問わん都鳥、わが思う人は、ありやなしやと」と誰もが口遊むからで、更には歌に詠まれた都鳥がユリカモメと解っていても、ミヤコドリという種名の美しい野鳥の存在がちらつくからであろう。実際、この歌にちなんだ今日の隅田川に架かる言問橋辺りの昔なら2種は冬季には容易く確認できたとも想われる。歌の詠まれた季節にも諸説があり、冬とも限らないから春には写真の如く濃い頭巾を被って趣が異なる。今の人より頭巾に馴染みがあっても、そのような風体の者に恋の秘め事などを語るだろうか。だから、初夏の作でも構わず、白い冬羽のユリカモメが華やかに群舞する。プレイボーイの恋歌を詠む脳裏に黒頭巾が舞えば、群盗みたいで無粋ではないか。

　　瀬戸内沿岸のカモメ類はユリカモメとウミネコばかりでカモメも少ない。ただ、少数のズグロカモメが飛来する。種名通り、春には黒い頭巾を被る。ユリカモメに並ぶと幾分か小振りで、ユリカモメの頭巾の方に赤茶けた色味の滲むのが解る。人には僅かでも、鳥には充分で大きな違いであろう。

　　「京には見えぬ鳥なれば、みな人見知しらず」と記された平安初期の「入り江かもめ」はユリカモメと改めた。祖先が業平に安否を問われてから1200年。高い順応性を活かし内陸京都にも進出、今や鴨川冬の風物詩となっている。

200

夢

深層心理

ミコアイサ

カモ目　カモ科　ミコアイサ属　L42cm　　　　　　　　　　福山市（2月）

　ミコアイサの種名は「神子」と「秋沙」の組み合わせから成る。神子（巫女）は♂が神子の白い装束に似た羽色をしているから。秋沙の語源は「秋早」や「秋頃」で、いずれも「あきさ」と読ませ「秋に渡るから」と辞典にある。深まった秋に飛来する「神子のような白い水鳥」という訳だが、♀は別で、その容姿から「いたちあいさ」や「きつねあいさ」と呼ばれたそうである。

　神子は神に仕える神聖な選ばれた少女で、白い装束に赤い袴を穿いて黒髪が長い。美しいけれど、少々おどろおどろしい気配もある。いたち（鼬）ときつね（狐）も連れている。
「秋沙」からは、秋の風を連想させる爽やかさが感じられる。しかし、晩秋の水面に吹けば湿気を含み、重たい風となる。風は霧を誘って湖畔に漂う。次第に深みを増して、霧はやがて辺りの景色を消す。

　年が明けても中々進まなかった恒例の「白装束衣替え行事」も漸く終えた。例の狐が傍らに寄り添って離れない。鼬は時々顔を見せる。「狐も鼬も雌だというし、神子のあたしも女だし、何だっていうの？」神子は眉をしかめ、首を傾げた。鼬が見て笑い、狐は笑わない。
　神子は捕らえて置いた秋風に跨った。長い髪の元結を切り、首を振った。髪

が風になびいて、目尻を吊り上げた。袴を手繰り上げ、むきだしの両足で「秋沙！」と叫んで風の横腹を蹴った。雄叫びを上げ、うねりながら、風は水面を駆け続けた。日が傾き、アシの中から狐が顔を出した。月明かりに向かい「春の夜が来た」と狐が告げると、生ぬるい風が湖面に漂い始めた。秋風はみるみる萎えて、神子は湖面に落ち、狐が泳いで寄り添った。水に浸かると心地好かった。神子が潜ると、狐も続いて潜った。横切る鮒をためらわずに追った。顔を突き出すと、口が伸びて鮒を捕らえられた。水面で咥え直し、喉を震わせて胃へ落とした。幸福感で満たされ、傍で狐が笑っていた。狐の尾はいつの間にか消えて、足の先には水掻きが付いていた。神子の黒髪は白髪に変わり、パンダのような顔が月明かりに照らされてうっすらと水面に映っていた。なぜか男に成った気がした。堤の穴から覗いていた鼬が声を立てて笑ったけれど気にも留めなかった。鼬の前を鼠が過ぎると、ぴょんぴょん跳ねながら後を追って消えた。鼬はいつまでも変わらず、鼬のままだった。

鮒を捕らえ、水面で咥え直すミコアイサ♂　　　　　　　　　笠岡市（2月）

タマシギ

チドリ目　タマシギ科　タマシギ属　L23cm　　　　　　　　　岡山市（9月）

　鳥類一般の番関係が逆転した結果、♀の産卵後に♂は抱卵して孵化させ、子が独立を果たすまでの育雛を引き受ける。♀は卵を預けた♂との恋を終結させ、次の♂を求めて徘徊する。♀の繁殖期の装いは活動する夕刻以降の夜目にも艶やかで、潤んだ大きな瞳には白い勾玉模様のあしらいがあり、殊の外妖しい輝きを放つ。是、天の定めにしてタマシギ母に罪科はなし。

　お父ちゃん　何や　お母ちゃん帰ってきぃへんねー、きれいにお化粧してどこに行ったん？　タマヨ淋しいんかぁ　ううん、うちお父ちゃんがいてはるから寂しいないよ　ほな早よー食べ　うち後でええよ　タマタロウとタマジロウ先にお食べ　タマヨは優しい子やなぁ　お父ちゃん　うん？　夕べ暗うなってからコォー、コォー言うて鳴いとったんはお母ちゃんやろ？　そうか、隣の小母ちゃんかて鳴きはるさかい、よう解らんなぁ　うちお母ちゃんの声は解るもん　隣の小母ちゃんとは違う　タマヨは賢いから何でも解るんやなぁ　うちなぁお母ちゃんに会うたことあんねんよ　いつや！　前の前、まん丸いお月さんの出たときや　タマヨは何か話したんか？　うーうん、うちはお母ちゃんのこと見とっただけや　でもなぁ、お母ちゃん近くを通りはった時に小ちゃい声でなぁ "タマヨは女の子やからよう見とき、ええな" 言うてはったよ、何でやの？　タマヨも大きくなったらお母ちゃんみたいになる

のん？　うちなぁ、いつまでもみんなと一緒が好きや　なぁ、お父ちゃん、え
えーやろ　タマタロウもタマジロウも一緒やで　ええよ、ええよ、ええから
早よー食べぇ　お父ちゃん、誰かこっちを見てはるよ　ええから、ほっとき！
　誰やの？　ここらをうろつく暇人やから構わんでええ　長い大きな眼での
ぞいてはるね　うちがちぃちゃくなって映ってるよ　カメラいう迷惑なもん
や　見たらあかん！　知らん顔しとき　相手にせぇへんかったらすぐに飽き
て止める　ちょっとの辛抱や　うん解った！　カメラおじさん、バイバイ！
バイバイ！　……
　タマヨの執拗なバイバイ攻撃に渋々移動するカメラマンを見届け、湿地の
草陰で安堵するタマシギ母の姿が見られました。

（野坂昭如氏の著作『火垂るの墓』文中の清太と節子の切ない会話を念頭に神戸付近の物
言いを勝手に想像して書き、後に神戸出身のS氏ご夫妻のご指導を仰ぎました）

午後になると活動を始め、観察し易くなるタマシギ♀　　　　　　岡山市（9月）

マガモ

真鴨の逆襲

カモ目　カモ科　マガモ属　L59cm　　　　　　　　寝屋川市（淀川）11月

　ある夜、寝付かれない"ぼんやり"とした脳裏の水面にマガモが浮かび、い
つまでも遊んで消えなかった。そのうち、マガモの「マ」とは何だろうか、と
いう疑問に囚われた。広辞苑に手を伸ばして引くと「まこと、本当、真実」
や「生物の或る類の標準となる種類に冠する」等とある。真実も標準も解り
難い。やがて「真」がマガン（真雁）に及び、真鯛、真鯉、真鱈、真鰯など
の魚類に飛び火し「真」は美味しいものに付けたのではないだろうか、とい
う素朴な疑問が湧いた。それではと思い、日本産鳥類に思いを馳せると、マ
ナヅル（真鶴）とマヒワ（真鶸）が「真」を戴いている。彼らも美味しいの
だろうか。「どこかの国の宮廷料理には鶴のスープが出るそうな」とは子供の
頃に聞かされ"ぞっと"した覚えがある。マヒワは小さな鳥でも群れるから
一網打尽にされ、人は美食のためには手間は惜しまないし「植物食の動物は
臭みが少なく美味しい」という噂話は食べない私にまで聞こえている。

　今や70億にも膨れ上がった「人」の膨大な胃袋の嗜好に適った味とは、誠
に気の毒なことです。ただ、しかし、人より遥かに永い時代を生き長らえた
彼らが、種存続の弊害を取り除くための手立てを何も施さないのだろうか。あ
などると、きっと酷い目に遭う。すでに、反撃はゆるやかに始まっているか
も知れない。動物に悪意を抱く植物などを摂取し、種に免疫が成立する頃に
は肉体は苦みを帯びて、それでも諦めなければ、人が当惑しているアレルゲ

ン摂取などと果敢な攻撃に打って出て、そうなっては、最早「食べても不味い」どころでは済まされない。

　突如、マガモが遊ぶのを止めた。こちらに向き直し、垂直に立ち上がって二度羽撃いた。風が顔に当たるのを感じた。ゆっくりと水を掻いて近づくマガモの青い頭がどんどん膨らみ、たらいほどになった眼で睨んでいる。今にも弾けそうな青い大頭が次第に圧し掛かって来て、もう身動きが取れない。息苦しい。漆黒の巨大な瞳孔が裂け、奥から飛び出した黄色い嘴に右腕が咥えられた。肩まで飲み込もうとするので、あわてて蹴り返そうとしたら僕の脚がない。もう駄目か。もがきながら、左腕に渾身の力を込めて押し返した。身体が宙に浮き、世界が回転してベッドから落ちた。

　からまった右腕の毛布を解きながら安堵の長い溜め息をついた。「マガモも怒れば怖いぞ」ということはよく解ったので、もう消えて下さい。僕はぐっすりと眠りたい。

頭部は光沢のある濃い緑色で白い頸輪があり、嘴は黄色い　　　　　岡山市(11月)

再びノスリ

タカ目　タカ科　ノスリ属　L♂52cm♀56cm　　　　　　　　　美咲町(12月)

　種には、安定した食性がある。食性と消化器官は一連だから、急激な食性の変化は望めなくとも、新たな食物が種の力になることは間違いない。

　僕はノスリ、まだ若い。好奇心は旺盛な方かと思う。ここ数日の関心事は、たわわに実り赤く熟した柿にある。早朝から、ムクドリ、ヒヨドリ、スズメ、カラスが次々とやって来る。隙を窺いメジロ、ウグイスも来る。柿の実は沢山あるのに争って喚く。彼らの行儀は頗る悪い。透明感のある実に人気が集中している。慌てて頬張って口周りを汚し、枝に嘴を擦り付けても拭えないで困っている。新鳥類と自負する彼らにしてはお粗末な振る舞いかと思う。進化という内に「精神の向上」も含まれないのかと素直な疑問が湧く。観察は好んでする。趣味というより生活の一部と思っている。連日、ハシブトガラスがむさぼり喰う。彼らは無暗に追い回すので嫌いだけれど、僕と同じほどの体躯に子沢山だと聞いている。食性に秘訣があれば、彼らから習得することを恥とは思わない。一族に貢献すれば苦労はいずれ報われる。思い切って柿を食べよう、と思う。若者にありがちな無謀な行為と批判する者もあるだろうが、今だから挑めることもある。得るものがなくとも、当たって砕ける波の潔さを見習う覚悟がある。生態系に君臨する「鷹」という身分なので柿を食えばとやかくいう者があるだろうが、何事も経験と気に留めない。勇気と覚悟を要する難題だけど、僕はやるぞ。すこし、ドキドキしてきた。

参考文献一覧

『図説日本鳥名由来辞典』柏書房

『岩波生物学辞典第4版』岩波書店

『鳥類学辞典』昭和堂

『図鑑日本のワシタカ類』文一総合出版

『原色日本野鳥生態図鑑』保育社

『日本野鳥大鑑上下』小学館

『日本鳥類目録 改定第7版』日本鳥学会

『日本の野鳥 羽根図鑑』世界文化社

『日本の野鳥 巣と卵図鑑』世界文化社

『北シベリア鳥類図鑑』文一総合出版

『日本動物大百科鳥類Ⅰ、Ⅱ』平凡社

『日本のタカ学』東京大学出版会

『日本の鳥550 山野の鳥』文一総合出版

『日本の鳥550 水辺の鳥』文一総合出版

『日本の野鳥』山と渓谷社

『日本の野鳥590』『日本の野鳥650』平凡社

『鳥630図鑑』（財）日本鳥類保護連盟

『フィールドガイド日本の野鳥』日本野鳥
　の会

『鳥の写真図鑑』日本ヴォーグ社

『比べて識別野鳥図鑑670』文一総合出版

『COLLINS BIRDGUIDE 2ND EDITION』
　Collins

『ワシタカ・ハヤブサ識別図鑑』平凡社

『世界の渡り鳥アトラス』Newton Press

『Birder　バードウォッチングマガジン』文
　一総合出版

『野鳥の図鑑』福音館書店

『ヨーロッパ産スズメ目の識別ガイド』文
　一総合出版

『学研の図鑑鳥』学研

『知床の鳥類』北海道新聞社

『英和鳥用語辞典』石井直樹 編著

『野鳥の学名入門』菊池秀樹

『鳥の渡りを調べてみたら』文一総合出版

『新版図説 種の起源』東京書籍

『鳥の起源と進化』平凡社

『東アフリカの鳥』『ボルネオ島 キナバル山
　の鳥』文一総合出版

『利己的な遺伝子』紀伊國屋書店

『鳥たちの私生活』山と渓谷社

『世界鳥類 和名・英名・学名 対照辞典』石
　井直樹編著

『ソロモンの指環』早川書房

『鳥ってすごい！』山と渓谷社

『列島渡り撮り』文一総合出版

『図説 日本の野鳥』河出書房新社

『完本 私の釣魚大全』文藝春秋

『野鳥の医学』どうぶつ社

『バードウォッチング』ティビーエス・ブ
　リタニカ

『鳥学の世界へようこそ』平河出版社

『おもしろくてためになる 鳥の雑学事典』
　日本実業出版社

『もの思う鳥たち』日本教文社

『スズメ百態面白帳』葦書房

『鳥はどこで眠るのか』文一総合出版

『カラスの早起き、スズメの寝坊』新潮社

『カラス狂騒曲』東京堂出版

『カラス、なぜ襲う』河出書房新社

『野草雑記・野鳥雑記』岩波書店

『野鳥の生活Ⅰ』『続 野鳥の生活』築地書館

『フクロウ 私の探梟記』法政大学出版局

『毒ヘビのやさしいサイエンス』化学同人

『天上の鳥 アマツバメ』平河出版社

『ワタリガラスの謎』どうぶつ社

『動物の不思議な知恵』白揚社

『写真歳時記 スズメ』真珠書院

『甦れ、ブッポウソウ』山と渓谷社

『東京湾の渡り鳥』晶文社

『大都会を生きる野鳥たち』地人書館

『分解博物館21』同朋舎

『ツルはなぜ一本足で眠るのか』草思社

『広辞苑 第二版』岩波書店

索 引

162種　171話

著者プロフィル

小林健三

1948年、神戸市生まれ岡山県育ち。東京デザイナー学院室内装飾科卒。1983年木工所起業、リハビリ機器製作に携わる。趣味は釣り、登山、野鳥などの自然観察。
日本野鳥の会岡山県支部主催の探鳥会において、2003年〜2021年案内役を担当する。資料作成のため、2005年に野鳥撮影を開始。

鳥好きの独り言

2021年6月25日　発行

著者　小林健三

発行　吉備人出版
　　　〒700-0823 岡山市北区丸の内2丁目11-22
　　　電話 086-235-3456　ファクス 086-234-3210
　　　ウェブサイト www.kibito.co.jp
　　　メール books@kibito.co.jp

印刷　株式会社三門印刷所

製本　株式会社岡山みどり製本